超訳 孫子の兵法

The Art of War

「最後に勝つ人」の絶対ルール

田口佳史
Yoshifumi Tag

三笠書房

はじめに

「孫子の兵法」は、現代のビジネスパーソン必読の〝実益書〟

「強者になるには一定の法則がある」

これは、四十年以上、中国古典と向き合ってきた私が得た結論です。

二十五歳のときに出会った「老子」と「論語」。それを入り口に、四書（大学・論語・孟子・中庸）五経（易経・書経・詩経・礼記（らいき）・春秋）から法家や「墨子」、「孫子・呉子・六韜（りくとう）・三略」の兵法書、宋学・陽明学などの中国古典を読み、講義するようになりました。

私はこれら古典を研究対象としてというよりも、むしろ**「人生のガイドブック」**として読み、さらにそれをわかりやすく生徒に語ることをモットーに講義を続けてきました。

みなさんは、何かを求めて私の講義に来られるわけで、私はそれに何とか充分に応えなくてはいけない。これを毎日、四十年以上やってきたわけです。

そして気づいたのは、驚くべきことにこれらの古典は「人生全般」について述べている、ということ。抜け落ちが全くないのです。

したがって、それをほとんど毎日講義している私は、毎日人生を、生き方を学んでいるとも言えるのです。

実は、教えている私がもっとも得をしているのかもしれません。

「すごい実益書だ」

これが、私が中国古典に対して感じていることです。

そのなかでも、とりわけすごみのある実益書こそ「孫子の兵法」なのです。

ビジネスにも、人生にも応用できる「考え方と行ない方」が、とても具体的に説かれています。

欧米のビジネス・スクールでも「戦略書の原典・原点」として取り上げられている、まさに**現代最強のガイドブック**なのです。

たとえば、ビジネスでは「相手より優位に立つ」ことが求められます。

このことは、本文でも詳しく述べますが、**孫子は「人間関係は持ちつ持たれつ」なんて甘っちょろいことは言いません。「自分が優位に立って、思うように事を運べ」と言います。**そして、その具体的な方法として、

「メリットを提供する」

「相手の痛いところをつく」

「得手・不得手を利用する」

……といった要点を挙げます。

このように、〝きれいごと〟ではない実用的なテクニックを孫子は説きます。

まさに、現代のビジネスパーソンが、「最後に必ず勝つ」ために絶対に読んでおくべき教えなのです。

さて、中国古典に触れてきた私が、いまどんなメリットを享受しているか、ご紹介しましょう。

まず私は、六十歳になってから、ありがたいことに、愉快な人生がスタートを切り、

十年経った現在も、ますますその愉快が強まっているのです。

六十歳といえば、ふつうは定年です。私の級友のなかには、それまでの会社エリートから一転、谷底を滑り落ちるかのように、雲泥の差の貧しい不愉快な人生になってしまった人もいるというのに。

よくよく考えてみると、いくつかの理由が考えられます。

まず、第一の理由。それは、前述のように、

「古典が私を救ってくれた」

ということ。

そして二つ目の理由、それは、

「二千社余りの会社が、人生の勝ち負けを教えてくれた」

ということ。

三十歳のときに創業してから今日まで、もう一つの私の本業は「経営のアドバイザー」です。携わったクライアント数は、官公庁や地方自治体、学校や医療機関なども入れると、その数は二千社に達すると思います。

つきあっていただいた経営者もその数だけいらっしゃいます。みなさん、いま振り

返っても精力的で個性的な、魅力的な人物ばかりでした。

この会社と経営者とは、まさに真剣勝負でつきあいました。千差万別、実に多様な課題に取り組みました。ありがたいことです。


そして、こうした私のこれまでの人生の結集である願いは、この一言に尽きます。

「何とか幸せになって欲しい。愉快な人生を生きて欲しい」

これが、私が受講生や生徒の方々に抱く、いまの切なる願いなのです。

特に若い人々には、「より良い明日が待っているという日々を過ごしてもらいたい」と、心から願っているのです。

「そのためには、強くなってくれ。いかなるものにも打ち克つ強者になってくれ」

これが、次に思うことです。

逃げていては、いつまでも不幸や不愉快は去っていかないのです。

「いつでも来い。そんなものに負ける自分ではない」

と、言える自分をつくることが、実は幸せへの一番の近道なのです。

そのためには、何をどのようにしたらいいのか。

それを教えるには、中国古典を、とりわけ「孫子の兵法」という比類なき人生戦略の書を借りてメッセージを伝えるのが最適ではないか。そうした考えのなかから生まれたのが、この本なのです。

田口佳史

目
次

第二講

「作戦篇」

これからの時代を生き抜くための「武器」を持て

第三講

「謀攻篇(ぼうこうへん)」

「戦わずして勝つ」――これが「孫子」の鉄則

第四講

「形篇(けいへん)」

思い通りにならない状況をいかに突破するか

第五講 「勢篇」

結局、一番強いのは「勢いに乗っている人」

第六講

「虚実篇」

「主導権」を握って、ライバルを圧倒する

第七講

「軍争篇」

頭を使った、「急がば回れ」の目標達成法

第八講 「九変篇」

いつ、何が起きても「動じない人」になる極意

第九講 「行軍篇」

勝者と敗者を分ける「人生行路の歩き方」

第十二講 「火攻篇」

自分の「評価」「印象」を高めるテクニック

第十三講 「用間篇」

孫子が教える「精度の高い情報」の集め方

編集協力――千葉潤子／岩下賢作

第一講

「計篇(けい)」

最後に勝つ人は「この戦い方」を知っている

1 人生をなめてはいけない

兵は国の大事(だいじ)にして、死生(しせい)の地、存亡(そんぼう)の道なり。

いつ生きるか死ぬかの場面に出くわすかわからない。それが人生だから、決して侮らず、常に緊張感をもって行動しなさい。

超訳

人間というのは能天気な生き物で、まさか自分が生きるか、死ぬかの瀬戸際に立たされるとは、そうなる直前まで思ってもみないものです。

何の根拠もなく、「明日も今日と同じ平穏な日が続く」と信じて暮らしている。あなたもそうではありませんか？

かく言う私も、そう信じていました。あれは映像の仕事をしていた二十五歳のときのこと。タイ国のバンコク市郊外の農村で、いつもはおとなしい水牛二頭に突如襲われ、生死の境をさまよったことがあるのです。

事故が起こる直前まで、まさか自分の身にそんな災難が降りかかろうとは想像もしていませんでした。

いま笑っている、その直後に、命が危険にさらされるかもしれない。

仕事がうまくいって喜んだ、その三日後に、会社がつぶれるかもしれない。

勝利の美酒に酔った、その翌朝に、病気で倒れるかもしれない。

人生のいたるところに、人を奈落の底に突き落とそうと手ぐすねを引く〝魔物〟たちが跳梁跋扈(ちょうりょうばっこ)しています。「まさか」は誰にでも、いつ何時でも起こりうる、それが人生の現実なのです。

だから、ゆめゆめ人生をなめてはいけません。〝魔物〟の手にかからぬよう、常に緊張感をもって生きていかなければならないのです。

その緊張感を保つために、せめて一日一回、神棚とか仏壇、あるいは自分の崇拝する人の写真の前などで、自分自身に問うてください。

甘ったれていないか、安易になっていないか、驕(おご)ってはいないか、気がゆるんではいないか、邪(よこしま)な心はないか……そんなふうに**自らを戒めることが、人生という戦場で戦う者としての「隙のない構え」をつくる**のです。

2 〝出たとこ勝負〟は敗者の戦い方

之を経むるに五事を以てし、之を校するに計を以てして、其の情を索む。

どうやって自分の望む人生を手に入れるか。情報を集めてよくよく準備し、よくよく考え抜いて、子細かつリアルな計画を立てなさい。

超訳

あなたは「人生計画」をきちんと立てていますか？

二十年・三十年後の自分はこうなっていると、明確かつ具体的に言えますか？

もし「ノー」なら、「自分は行き当たりばったりの〝出たとこ勝負〟で生きていく」と宣言しているようなもの。思い通りの人生を生きるなど、できっこありません。

なかには「目標はありますよ。だいたいの青写真も描いています」という人もいるでしょう。何も計画がないよりはマシですが、それがもし「こうなったらいいなぁ」という願望の域を出ないものだとしたら、まだまだ思いが足りない。

大事なのは、**計画がすでに数々の目標を達成した自分の過去の足跡のように思える**

ほど、ゴールに至るプロセスを子細にリアルにイメージすること。

それこそ「何歳でどの部署のどんなポジションにつき、部下が何人いて、年収いくらで、どこ（明確な住所）のどのくらいの広さ（敷地面積と建坪（たてつぼ））のどんな間取りの家に住み、何年何月何日に長女が生まれ……」といった具合に、「あたかもすでにそうなった」かのようにどこまでも細かく、どこまでもリアルにイメージするのです。

一流のスポーツ選手が繰り返しイメージトレーニングを行なうようにこれをやっていくと、しまいには計画通りに生きた自分がイメージなのか現実なのか、わからなくなる。そのくらいになって初めて、「人生計画を立てている」と言えるのです。

ここまで綿密な計画を立てるには、軽く一年や二年はかかるでしょう。その間なすべきは、なりたい自分になるための情報収集です。それによって、どんな能力が必要か、時代はどう動くか、どのタイミングで行動を起こすか、どんな分野で勝負をするか、いかにして自分を律し磨いていくのかをはっきりさせる。そこが一番のポイントになります。

そういう人生計画が立てられたら、あとはそれをトレースするように、体と頭が勝手に働き始めるはずです。

3 「五つの視点」で勝利のシミュレーションを

一に曰く道、二に曰く天、三に曰く地、四に曰く将、五に曰く法。

超訳

人生の勝者になるためには、「人生計画」のなかで自分が有利に戦える方法を考えることが重要である。「道・天・地・将・法」の五つの視点で、勝利のシミュレーションを描くべし。

「人生計画」を考えるときは、五つの視点で自分が有利に戦える方法を設定する必要があります。これを孫子は**「五事」**とし、**「道・天・地・将・法」**をあげています。

それぞれ何を意味するのか。「人生計画」の観点から見ていきましょう。

一つ目の**「道」**は、前項でお話ししたことと同じ。十年・二十年・三十年後の自分をリアルにイメージすることを意味します。

これができると、思いと行動が一つになります。仕事も勉強も遊びも日々の暮らしも、すべての行動が同じ目標を達成するためのものになっていく。

つまり、どんな行動をとっても、すべて一つの道を歩むがごとし。何もかも納得ずくで行動できるので、憂いや迷いがなくなります。困難さえも喜んで受け入れられて、気分的にはとても愉快です。

二つ目の**「天」**は、時代性です。

たとえば「いま勤めている会社の社長になる」と設定したとして、「いつ」が抜けていると、目標がぼんやりしてしまいます。だから「二〇二五年に社長になる」と決めて、そのときはどんな時代で、そのときの追い風はどのようなもので、それをどのように活用するかなど、時代の要請に応えるための計画を練る。

この辺をきっちり考えて、時代を背負った存在たる自分をイメージしてそうなった人は、何も考えずにきた人とは格段に違います。そもそも時代が有利に働かないで、うまくいっている人などいません。よく「時代の追い風が吹いた」というような表現をしますが、あれは「たまたま」ではありません。時代が自分のやっていることの追い風になるように計画したから、うまく利用することができたのです。

三つ目の**「地」**は、自分が活躍するフィールドです。どの分野で一流の人物になるのかを明確にする。孫子はそれを設定するときのポイントにまで言及しています。

具体的には、自分の天性に合った分野、言い換えれば自分に向いているものであること、競争のないオンリーワンの分野であること、自分の資質・能力が生かせる分野であること、世界的な広がりが展望できる分野であることが望ましいとしています。

自分に向いていない分野でうまくいくわけはない。競争の激しい分野だと頭角を現すのが難しい。狭い範囲でしか広がらない分野だと、いま一つおもしろくない。自分の資質が発揮できない分野だと、非常にむなしい気持ちになる。こんなふうに逆を考えてみると、よりわかりやすいでしょう。

四つ目の**「将」**は、必須能力です。

ふつうに読めば「現場の長である将軍がしっかりしていなければ、国家の目標は達成できませんよ。立派な将軍とは智謀があって、信頼されて、部下思いで、勇気があ

五事

項目	意味	要点
道	とても具体的な目標	このような人間になる
天（の時）	ミートさせるべき時代性	時代を味方につける
地（の利）	活躍するフィールド	オンリーワンの領域
将	そのための必須能力	このような力を身につける
法	克己による鍛錬	絶対にやり通す

って、部下にも自分にも厳しい、智・信・仁・勇・厳を備えている人のことですよ」ということを意味します。

それを〝人生孫子〟的に見ると、目標を達成するために必要不可欠な能力と捉えていい。そういった必須能力を明確にして、研鑽（けんさん）に励むことが大事なのです。

そして五つ目の**「法」**は、己に克つことです。素直に読むと「法律や社会的ルールを守る」ことを意味しますが、「人生計画」における「法」は自分自身を厳しく律することにほかなりません。

世の中には、目標達成を阻む甘い誘惑が満ちています。よほどしっかりしていないと、ついふらふらと行ってはいけない方向に迷い込んでしまう。

どんな誘惑があろうとも、「そっちに行ってはダメだ」と自分に厳しく言い聞かせなくてはいけません。

私もこの一文から、

「金銭物質主義はやめよう」

「必ず一日に二時間は中国古典の勉強をしよう。次に仏教、禅、神道の順番で勉強しよう」

「無類の酒好きだからこそ、飲酒を一週間に三日のみに制限しよう」

などと心に決めました。

目標達成をジャマするものは、何が何でも排除する強い意志を持つ。それもまた「人生計画」の重要ポイントの一つです。

以上「五事」の視点から、勝利のシミュレーションを描いてください。これらは「人生計画」の根幹をなすものなのです。

4 絶対負けたくない「ライバル」をつくれ

主孰れか有道なる、将孰れか有能なる、天地孰れか得たる、法令孰れか行なわるる、兵衆孰れか強き、士卒孰れか練れたる、賞罰孰れか明らかなる。吾、此を以て勝負を知る。

超訳

現時点の自分から見て、目標とすべき人物は誰か。それを設定したら、その人と自分の能力を徹底的に比較しなさい。そうして自分に足りない能力を上げていき、一方で自分にしかない能力に磨きをかけていくと、加速度的に成長できる。さらにこれを段階的に繰り返すと、「この分野では世界一」と誰もが認める人物になれる。

ゴールがぼんやりとしか見えないと、そこに向かって一直線に突っ走ることはできません。迷走を続けるのがオチです。ゴールというものがはっきりと見えているからこそ、道を間違えずに最短最速で到達することが可能になるのです。

そのときの「ゴールの旗」として一番いいのは、目標とするべき人物です。それも、現時点の自分にとって、がんばれば、追いつき追いこせそうなところにいる人がいい。その人物は言うなれば「顔が見える目標」。これほどリアルにイメージできる目標はほかにないと言ってもいい。

そのライバルを設定したら、次に自分の能力・実力と徹底的に比較してみる。その作業が、孫子の言う「七計」に相当します。

第一の比較ポイントは**「有道」**。

互いがやろうとしていることに、世のため人のために尽くそうという志があるか否かを問います。

ようするに、普遍性のある志を掲げているほうが勝ち。自分の志がもし私欲にまみれたものであったり、時代や環境、周囲の人たちなどの動きに左右されるようなものだと判断されたら、すぐに軌道修正を図るべきです。

第二のポイントは**「有能」**。

これは文字通り、互いの能力・実力を比較することです。細かく項目分けして、ここは自分の勝ち、ここは負けとチェックしていきます。

野球選手で言うなら、打力・投球力・走力・選球眼・守備力など、プレーヤーに求められる必要な資質がたくさんありますね？　そういった一つひとつの必須能力について、公正な目で比較していくのです。

そのうえで、負けている能力については、集中的に勉強や経験を重ねていく必要があります。私自身も目標にしたある先輩と徹底比較を行ないました。そのなかで、たとえば「時代考証能力ではとても太刀打ちできない」となったら、その能力を身につけようと、字源をとことん勉強しました。

これはほんの一例で、私には「高みにいるライバルと細かく能力の比較をしてきたからこそ身についた能力」がたくさんあります。

これをやらずに「あの人はすごいな。いつか肩を並べなきゃなぁ」などとぼんやり考えている限り、能力は上がりはしないのです。ましてや嫉妬したり、過小評価したりして、自分の負けているところときちんと向き合わないなんて論外です。

第三のポイントは「**天地**」。

どちらが時代の要請に合った、また能力が最大限引き出される舞台で仕事をしているか、という比較です。

プレスリーやビートルズだって、出た時代が数年早くても遅くても、あれだけのスターにはなれなかったでしょう。また、いまをときめく大企業の社長も、就職先が傾きかけた中小企業だったら、持てる能力を発揮できずに終わったはずです。

だから自分の仕事を有利に運ぶには、タイミングと舞台がライバルより有利でなければならないのです。

第四のポイントは「**法令**」。

いま風に言うなら、コンプライアンスを遵守しているかどうかの比較を意味します。

どれだけ成果をあげても、その過程で法律や社会のルールなどに反する行為があれば、結果的に勝つことはできません。それは近年の企業不祥事を見れば、火を見るより明らか。粉飾決算とか産地偽装とか、ルールをないがしろにしたためにビジネスの最前線から脱落していったトップがごまんといるじゃあないですか。

もっと言えば、コンプライアンスがしっかり守られているということは、厳しく自己鍛錬をしていることの裏返し。どんな甘い誘惑があろうとも、それに乗せられないだけの強さを持っているほうの勝ちなのです。

第五のポイントは**「強き」**。

勝負強さはどちらが上か、という比較です。

野球にたとえるなら、九回裏ツーアウト満塁、ホームランが出れば逆転勝利が転がり込むというような場面で、本当に逆転満塁ホームランを打ってしまう。そんな勝負強さを持っているかどうかです。

誤解してはならないのは、勝負強さは決して「運」ではないということです。一言で言えば、気持ちの強さ。日ごろから勝負におけるあらゆる場面を想定し、常に柔軟に冷静に対応できるよう精神を鍛え上げているからこそ、ここぞのときに力を発揮できるのです。

逆に言えば、精神がたくましく鍛えられていなければ、ちょっと想定外のことがあっただけで、本来の力の半分も出せやしません。

第六のポイントは**「練れたる」**。

どちらがより訓練を積んでいるかの比較です。

やや自己鍛錬と似ているように感じるかもしれませんが、こちらは反復練習によって、必要な力を「体で覚える」感じ。量と質において、相手を上回る訓練を重ねることがポイントになります。

みなさんにも経験があると思いますが、最初は難しくて相当手こずった仕事でも、何度もやるうちにいつの間にか簡単にできるようになりますよね？ それは一種の「慣れ」で、能力を上げていくには欠かせないプロセスです。

つまり勝負の分かれ目は、自らの能力・実力を上げるために、どれだけの時間と労力を注いでいるか。ここでライバルの何倍もの訓練をしないと、追いつけないのです。

そして第七のポイントは**「賞罰」**。

仕事に対する評価の比較です。

たとえば報酬とかポジション、周囲の評判など、ライバルと自分の間にどの程度の差があるかを明確にすることで、目標がより具体的になります。結局のところ、「こ

七計

項目	意味	要点
有道	公益のある志か	社会的広がり
有能	専門能力・実力	絶対的強み
天地	時代性と独自領域	自分に合っているか
法令	倫理性と克己	危うさがない
強き	勝負強さ	気持ちの強さ
練れたる	訓練の度合い	忍耐強さ
賞罰	報酬と評判	充実度と満足度

れがあるから、最後のがんばりがきく」というふうにも言えますね。

前項の「五事」と、これら「七計」を合わせた「五事七計」は、孫子の戦略策定の要諦となるものです。

もちろん目標とするべき人物は、次はこの人、次はあの人と、成長のステージごとに変わります。ターゲットをどんどん大物にしていくわけです。

ステージが上がっても、常に〝追いつけ、追い越せ精神〟で走り続ける。その先に、二十年・三十年後に目標を達成した自分の姿があるのです。

5 悲観的に準備して、楽観的に行動する

将、吾が計を聴きて之を用うれば、必ず勝たん。

超訳

時間をかけてじっくり「人生計画」を練りなさい。とくにリスクに対しては、どんな危険が起こりうるか、どこまでも悲観的に考えて入念に準備すること。そこまでやれば、もう目標は達成したも同然である。

綿密にしてリアルな人生計画を立てることは、そう簡単にできるものではありません。情報を得るだけでも大変な作業で、それを整理・分析しながらさまざまなリスクに対応してどう行動するかを見極めていく。少なく見積もっても一年、場合によっては二年くらいかかって当たり前。

せっかちな現代人は、そこにかける時間を「もったいない」と思うかもしれません。しかし昔から言うではありませんか、「急がば回れ」と。**ここで時間をかけたほうが、結局は目標への一番の早道になる**のです。

その際に心がけるべきは、どこまでも「悲観的に」準備をすること。ようするに最悪の場合にどうするかを決める。

たいていの人は「こんなことは起こらないよね」と「楽観的」に準備をするため、不測の事態が生じたときに、なすすべもないままに転落への道をたどることになるのです。言い換えれば「楽観的に」準備したがゆえに、ちょっと逆風が吹いただけで「こうなったらどうしよう、ああなったらどうしよう」と「悲観的に」考え、行動してしまいがちなのです。

そうではなくて「悲観的に」準備する。これさえやっておけば、何が起ころうとも大丈夫。「それもこれも想定内だよ」とばかりに、落ちついて対応することが可能になります。「楽観的に」構えていられるわけです。

結果、どうなるか。**「自分は必ず勝つ」という自信が、内側から滲（にじ）み出てくる。**たとえいま負けていても、「十年・二十年後には自分の勝ち」と余裕しゃくしゃくでいられます。

しかも周囲から「何だか自信満々だね」と一目置かれる存在にもなる。ライバルが勝手に退散してくれることもありえます。してやったり、です。

6 「勢い」をつくって、支援者を引き寄せる

計、利として以て聴かるれば、乃ち之が勢いを為して、以て其の外を佐く。

超訳

組織でも個人でも、勝ちを確信できる計画ができたら、体の芯から元気になって、勢いが出てくるものだ。その勢いに引き寄せられるように、大勢の支援者が現れる。

極言すれば、組織も会社も「勢い」こそ〝命綱〟です。

勢いのない企業と取引したいですか？　勢いのない人といっしょに仕事をしたいですか？

そんなの、自分まで勢いをなくしそうで、ご免こうむりたいですよね。誰だって、勢いのある組織・人と関わり、自分もその勢いの一端を担う支援をしたい、あるいはその勢いの助けを借りて自分も勢いづきたい。「何か迫力のある人だねぇ」と思える人に、いろんな可能性を託したくなるのです。

だから**勢いのある人には、大勢の支援者が集まってきます。**それによって、「あなたの仕事の力になりましょう」「あなたの仕事にとって必ず役に立つ人を紹介しましょう」という話が舞い込んでくる。社内でも「君はいま、無敵だね。よし、次のプロジェクトを任せよう」という大抜擢（ばってき）人事が行なわれる。事がどんどん順調に運び始めるのです。

では、勢いはどこから出てくるか。ここにまた計画を持つことの重要性が潜んでいます。

「自分は必ず勝つ」という計画があるからこそ、「よし、やるぞ！」と体の芯から元気が湧き上がり、勢いがつく。自信満々になれるだけではないのです。

もちろん計画を持たなくとも、非常に元気な、一見勢いがあるかのような人がいないわけではありません。

でもそれは「空元気（から）」。表面的に元気なだけで、じきにくたびれます。行動も行き当たりばったりになりがちで、そのたびにおろおろして、勢いも失速してしまいます。こと勢いに関しては、付け焼刃はきかないのです。

7 強い相手には「懐に飛び込む」

勢とは利に因りて権を制するなり。

超訳

自分は勝つと信じている人間ほど、強い者はいない。どんな権威・権力もその勢いに寄り切られてしまうのだ。

権威・権力を前にすると、どうしても身がすくんでしまう。多くの人がそれを当たり前のように受け入れ、最初から勝負を放棄してしまいがちです。

けれども、そんなことはない。スポーツでもよく、壮絶な戦いの末に勝ったチームの監督などが「何としてでも勝つんだという思いが、相手より少し勝っていたのだと思う」というようなことを言いますよね？　負けたチームの監督も同じです。

ようするに、勝ちに対する執念もしくは確信はどちらが強かったか。最後の最後に勝敗を決するのはそこだということです。

人生も仕事も、どんなに劣勢にあろうとも、ギリギリまで自分の勝ちを信じている

人が勝つのです。

その意味では、目の前に立ちふさがるのが権威・権力だろうが、自分より明らかに弱い立場にある人間だろうが、関係ない。「絶対に勝つぞ！」という勢いで、たとえ土俵の勝負俵につま先立ちになっても、最後の最後にうっちゃりを繰り出せるのです。

逆に、ちょっと寄られただけで「あ……負けるかも」なんて思いが少しでもよぎると、その一瞬後には投げ飛ばされるでしょう。勝負とはそんなものです。

そもそも権威・権力を持っている人間は、その権威・権力で戦おうとします。彼らにとって「相手を威圧して、勝ちをあきらめさせることで勝つ」のが常套（じょうとう）手段だからです。

そこへ、そんな威圧を感じもしない者が勢いでぐいぐい押してきたらどうでしょう？　戦う手立てがなくなり、即刻、白旗を振るしかないんですね。

だから権威・権力を恐れるべからず。勢いで懐に飛び込みなさい。相手はむしろそれを喜び、良き支援者になってくれます。

世に「怪物経営者」と呼ばれる人たちはみんな、若いころにこの手で〝大物食い〟をし、成功への階段を駆け上ったのですから。

8 「バカになれる人」になる

兵は詭道なり。

自分の強さを誇示するようにふるまっていると、相手も警戒する。しかし「ちょっと抜けたところのある人だなぁ」くらいに思わせると、相手も鎧を脱いでくれる。その分、相手は無防備になり、隙さえ見せてくれる。

超訳

ここまで完璧な人生計画を持つことの重要性をお話ししてきましたが、一つ、注意しなければいけないことがあります。

それは、計画は自分の胸の内だけに秘め、ライバルはもちろん周囲の誰にも口外しないことです。

なぜなら、

「私にはこんな人生計画があって、絶対に最後は勝つというシナリオ通りに生きているんです」

なんて、いちいち人に吹聴していたら、周囲はどうしたっておじけづいて、警戒心を強めるからです。

当然、負けないように準備万端整えて、自分に向かってきます。そうなったらもう、一筋縄ではいきません。

そんな自慢はせずに、〝ちょっと抜けたところのある人〟くらいに見せて、「何なんだ、こいつは。大した人物ではないな」と思われるのがちょうどいい。相手はすっかり油断して、無防備になってくれます。

相手の姿勢や態度は、こちらしだい。

だから**「謙虚」ということが大切**なのです。**こちらが謙虚に徹すれば、どんな相手もじょじょに武装を解いて、警戒心をゆるめてくれます。**

こうなって初めて、本音が出てくるのです。こちらが真に聞きたいことだって、しゃべってくれるかもしれません。

すごい人間と思われるより、好人物と思われたほうがつき合いやすいもの。バカになれるすごさくらいないと、物事は成就しません。

9 常に「相手の優位に立つ」ことを考える

利して之を誘い、乱して之を取り、実にして之に備え、強くして之を避け、怒りて之を撓し、卑うして之を驕らせ、佚にして之を労し、親しみて之を離し、其の無備を攻め、其の不意に出づ。

超訳

相手が何を望んでいるのかがわかれば、相手をリードすることができる。ときには賛同し、ときには痛いところをつき、ときには不意をつくなどして、意のままに相手をリードするべし。ようするに「人間通」になることが重要なのだ。

事をうまく運ぶには、自分のやることを誰にもジャマされることなく、みんなを味方に巻き込んでいくことが求められます。

一言で言えばそれは、相手より「優位に立つ」こと。

孫子は「人間関係は持ちつ持たれつ」なんて甘っちょろいことは言わない。「自分が優位に立って、思うように事を運べるような人間関係をつくりなさい」としています。

グローバル時代の現代、見ず知らずの国や地域に行って、これまで出会ったこともないような「したたか」な相手とときには交渉し、ときには協力関係をつくり、こちらのために働いてもらわなければなりません。

理想的なことを言えば、正々堂々と正論で押し切り、圧倒的に優れた人格と教養で相手を屈服させ、相手が弟子入りしてくるぐらいでなければいけません。

しかし若いときは、なかなかそうはいかない。そんなときの心すべき要点を、孫子は次のように言っています。

◎メリットを提供

誰かが自分の欲しいと思っていたものを提供してくれたら、その人に対して恩義を感じます。場合によっては感謝の余り、「あなたのためなら、どんな協力も惜しまない」とまで言ってしまうかもしれません。

相手をそんな気にさせたら、間違いなく自分が優位に立てます。

たとえば相手が「何とかA社と取引ができたら、うちの売上もぐんと上がるんだけどなぁ」と望んでいたとします。そのときに、もしあなたが雑談ついでに、「実は私、昨夜（ゆうべ）もA社の取締役と食事しましてね。最近、親しくさせていただいてるんですよ」などと言ったら、相手はどうなるでしょう？

目の色が変わる。そして「ぜひ一度、紹介してください」と、あなたにすがるような態度になる。こういうことができれば、相手が自分よりずっと上の偉い人・大物であっても、たちまち立場を逆転させることが可能なのです。

もちろんそのためには、あらかじめ相手の欲求をリサーチしておくことが必要。その欲求に応えられる人脈や情報を持っていることも求められます。大変ですが、その労を惜しんではいけません。

実際、私のアメリカ在住の友人はこれと同じケースで、相手が取引を望む会社を探り当て、その会社の大物経営者と知り合いになるために、その人が受けている高額なテニスクリニックに入会する、なんてことまでやりました。そうして大型プロジェクトの成功に向けて、事を優位に運んだのです。

そんなふうに裏でしっかり準備をしておいて、でもそのことはおくびにも出さずに、あくまでもさり気なく〝相手がいまもっとも欲しい話〟を持ちかける。そのほうが恩着せがましくないし、ありがたさがいっそう増すというものです。

◎痛いところをつく

事の真相を追うジャーナリストのなかには、「相手を怒らせて情報をとる」ことを得意としている人が少なからずいます。わざと痛いところをついて、相手が怒りだしてつい言ってはいけないことを口走ってしまうように仕向けているわけです。

この手は人間関係全般にも有効です。

なにしろ、戦いや交渉事は感情的になったほうが負け。冷静さを失い、つい余計なことを言ったり、取り乱して問題発言をしたりで、自分の立場をどんどん悪化させてしまうことになるからです。

最後の最後、ここ一番のとき、相手を屈服させたいようなときは、痛いところや弱みなどをついて、相手をあわてさせるのが一番だと、孫子は言っています。

たとえば、

「こないだの重要会議、体調を崩して欠席されましたね。でもゴルフ場であなたを見かけたって人がいるんですよ。もちろん、そんなことはありえない、人違いだって言っておきました」

などと言ってみる。

相手は「何をバカなことを」と怒るか、サーッと青ざめて言葉を失うか。いずれにせよ、事実をもみ消してくれた人に負い目を感じるなどして、その後は劣勢になるかもしれません。

こちらは何もかもわかってやっているので、気持ちも態度も冷静そのもの。優位に事を進められることは言うまでもありません。

◎得手・不得手を利用する

自分の得意分野の話題になると、誰もが饒舌（じょうぜつ）になり、いくらでもしゃべってくれます。

ですから、いろいろ話を聞き出したいときは、相手の得意分野の話題を振るに限ります。そうやって気持ち良くさせたところで本題に入ると、難しい話もスムーズに運ぶし、こちらの言い分も受け入れてもらいやすくなります。

逆に、不得意分野の話題になると、相手は落ち着かなくなります。何とか話題を変えようとするでしょう。

これを知っておくだけで、立場を逆転させたいときに効果的だと、孫子は言います。

どうですか？　孫子の兵法というのは、きれいごとではないんだなと再認識するのではないでしょうか。

ただし、孫子はこうも言っています。

「手練手管には限界があるよ。自分の実力強化に努めることが、戦う者の本道であることを忘れてはいけないよ。手練手管を弄するのは、あくまでもしっかり実力をつけてからにするんだよ」

やはり人間は、誠心誠意であることが大事。人格と実力が勝敗を分けるのだと、孫子は言っているのです。

ここで一本釘を刺しておくのがまた、孫子のすばらしいところなんですね。

第二講

「作戦（さくせん）篇」

これからの時代を生き抜くための「武器」を持て

10 あなたは、何を武器に戦うか？

馳車千駟、革車千乗、帯甲十万、千里に糧を饋れば、則ち内外の費、賓客の用、膠漆の材、車甲の奉、日に千金を費やす。然る後に十万の師挙る。

超訳

海外で勝負するときに最も重要なのは、自分にしかない能力と専門的な能力を明確にすることだ。それを武器に現地に乗り込んだら、雑務をこなすサポーターを雇い、自分はビジネスに集中できる態勢を整えよ。

ビジネスマンはもはや世界に打って出なくては、本当の勝者とは呼ばれない、日本だけで勝っても勝者とは言われない。そんな時代がやって来ました。

たとえばソフトバンクの孫正義さんが世界のIT業界のトップになろうと、着々とM＆A戦略を進めているように、私たちは地球規模でビジネスを展開することは、半ば常識と考えておく必要があります。

規模の大小や事業分野を問わず、どんな企業の経営者も、法律家や学者などの個人も、世界でどう戦うかを最重点課題と捉える。六十を過ぎた一研究者の私だって、東洋思想をどうやって世界に広めようかと戦略を練っている。若いみなさんなら、なおさらですよね。

そういうグローバルな時代に役立つのが、孫子の「作戦篇」にある言葉の数々です。まず、その冒頭にあるくだりから〝超訳〟していきましょう。

◎何を武器に戦うか

手ぶらで海外に出るなど、もってのほか。「時代はアジアだよね」なんて安易な考え一つで、自らの持てるどんな能力や強みを武器にして戦うかを明確にしないまま、「とりあえず行けば何とかなるだろう」などと思っているとしたら、うまくいくものもうまくいきません。

たとえば弁護士が海外に出るとして、相手の国にも法律家は掃いて捨てるほどいるわけですから、武器が「法律に関する専門知識です」というだけではとても戦えない。でも、これに加えて、「私はずっと多くの企業の顧問弁護士を務めてきましたから、その知識と経験を武器に、日本に進出しようと考えている海外企業に対してアドバイスするつもりです」、これならいい。向こうには日本の法律や商慣習などに精通している弁護士はそう多くはないので、勝てる確率は高いのです。

このように「自分にしかない能力は何か、誰にも負けない強みは何か、多くのライバルがひしめいていないか」などと突きつめて考え、主力の武器を設定する。それが大事なんです。現時点でそういう武器を持っていないのなら、ちゃんと調達して磨き上げてから、外に出るのが順番というものです。

◎〝セカンド能力〟を持つ

これは世界戦略に限ったことではありませんが、私はつねづね、「〝セカンド能力〟こそが重要ですよ」と言っています。どういうことか。

たとえば、知人から「娘は大学の英文科を出て、留学経験もあって、英語がとてもよくできる。外資系企業とか通訳・翻訳の事務所とか、英語能力で勝負する会社に就職したいって言うんです」という相談を受けたとき、私はこうアドバイスします。

「やめたほうがいい。そういう就職先にはイヤになるほど英語の達人がいますよ。英語の次に、娘さんが得意にしていることは何ですか？」

この「次に」というのが〝セカンド能力〟のこと。

彼女の場合はファッションに興味があって、よく勉強しているというので、「ファッション業界に入って、英語を使う」ことをお勧めしました。そのほうが競争相手は少ないから、英語を使ってその業界のなかでポジションを上げていける可能性がずっと高いと思ったのです。

私だってそう。ずっとビジネスのコンサルティングを仕事としていますが、それは〝セカンド能力〟。一番得意とする〝ファースト能力〟は、中国古典思想に通じていることなのです。

つまり〝セカンド能力〟が発揮できる業界に入って、〝ファースト能力〟を駆使したことで、いまの私の仕事が成り立っているわけです。

こんなふうに〝ファースト能力〟と〝セカンド能力〟を逆転させることは、成功の秘訣の一つ。ほとんどの人は〝ファースト能力〟で仕事をすることばかり考えているから、せっかくの能力が大勢の達人たちのなかに埋もれて、うまくいかないのです。

海外に出るときも同じ。武器とする能力を一つに絞らず、もう一つの能力を用意しておいて、どちらをどう使うかを考えてみるといい。

基本は、〝ファースト能力〟をサブで使うこと。自分にとっては〝ファースト能力〟であっても、その分野に競争相手が多ければ、勝負は避けるべきです。

もちろん、激戦を勝ち抜く自信があるなら、〝ファースト能力〟でぐいぐいいってください。

でも、その場合も「あの人は一流の証券アナリストだけど、落語好きで寄席の口演活動なんかもしているらしいよ」とか、「あの人は世界トップの外交官だけど、ピアノがすごく上手なんだよ」というような、ウリになる〝セカンド能力〟も持っていたほうがいい。自分の価値をいっそう高めることができます。

◎ビジネスに集中できる環境を整える

外国はビジネスの舞台としては、ホームでなくてアウェイです。日本とは環境が全然違います。

実力を発揮しようにも、時差ボケで頭が回転しないとか、枕が合わなくて眠れない、移動や食事の予約など各種手配に時間が取られる、言葉がうまく通じないなど、いろんな支障が出てきてビジネスに集中できないものです。下手すると、ふだんの三分くらいの力しか発揮できないかもしれません。そうならないように、行く前にできるだけ、日本でビジネスをするのと同じ環境を整えておく必要があります。

たとえば、ふだん使っている日用品や嗜好品などは、極力持参する。枕が変わると眠れない人なら枕を持っていったほうがいいし、使い慣れたお気に入りの部屋着とか洗面具、いつも飲んだり食べたりしている食品、好きな音楽や映画のDVDなどは、荷物になっても持って行く価値があります。リラックスできますから。

あと何より大事なのは、こまごまとした仕事をすべてサポートしてくれるコーディネーターをつけること。事前に連絡を取り合って、この人なら頼りになるという人を探してください。お金はかかりますが、孫子も「日に千金を費やす」と、二千五百年も前に、「国防の要は財政だ」と言っていますから、投資を惜しんではいけません。

グローバルに活躍している人の話を聞くと、みなさん、「日本にいるのと同じように行動できる」ことに非常に心を砕いています。言うなれば「アウェイのホーム化」、ここをしっかりしておくと、どこに行ってもふだん通りの実力を発揮できるはずです。

11 いち早く仕掛けて主導権を握る

兵は拙速を聞く。

超訳

海外ビジネスでは地の利は相手にある。長期戦に持ち込まれないよう、とにかく迅速に動いて、主導権を取るべし。

慣れない海外ですから、長期戦は絶対に避けなければなりません。相手には自宅という快適な根城があり、こちらはホテル暮らし。数日ならまだしも、滞在が長引くと、さすがに疲れが溜まります。やる気だって萎えてきます。しかも費用はかさむ一方で、いいことは何もないのです。

そんな状態になったら、孫子ですら「どんなに頭脳明晰な優れた戦略家であっても、状況を建て直すことはムリだね」と言っています。

だから、海外でのビジネスの鉄則は〝短期決戦〟。**多少まずい点があっても、とにかく迅速に動き、持てる力のすべてを動員して相手を圧倒して勝ってしまうのが一番**

です。そうすると主導権が握れますから、交渉事でも何でもこちらの思うツボになります。

これが孫子の「兵は拙速なり」という有名なくだりです。

一般的には、この言葉は「準備不足だけれども、先を急いで始めてしまった」というように使われますが、これは正しくありません。孫子は「迅速に事を運び、緒戦で勝って、主導権を握り、短期間で切り上げろ」と言っているんです。

あと心しておくべきは、相手が強みとしているところで勝負してはいけない、ということです。いきなり本丸ではなく、相手の弱い分野、主力商品ではなく関連商品で勝っていく。いわば外堀を埋め、内堀を埋めておいてからでなくては、本丸決戦は勝てません。

また、たとえばある会社を買収しようというとき、相手は事業の切り売りをしたくて、でも本業は手放さないつもりでいるのに、「いや、本業のほうもまとめて」などと交渉すると、まず長引きます。相手企業が「うちはこれが飯の種なんだ」としている、いわば事業の本丸で戦っても、なかなか決着をつけることができないのです。

そうしてグズグズしている間に、いきなり横入りした第三者に「うちはこの事業を買います」と、さっさと持って行かれる危険もあります。

まさに「蛇蜂取らず」。簡単に買えそうな事業から交渉に入るのが、コツと言えるでしょう。

12「負けパターン」も頭に叩き込んでおく

尽く兵を用うるの害を知らざる者は、則ち尽く兵を用うるの利を知る能わざるなり。

超訳

作戦においては勝つ方法ばかりを考えがちだが、それと同じくらい「どうなると負けるか」を知っておくことが重要である。不利を理解してこそ、有利に戦う策が立てられるのである。

「どうすれば勝てるか。うまくいくか」

戦略を立てるときは、そのことにフォーカスして考える人がほとんどです。もちろん、勝利のシミュレーションを描くことは大事。

けれども、それだけでは不十分です。

「どうなったら負けるか。失敗するか」

負けパターンのほうもしっかり考えておく必要があります。

なぜなら、自分が不利になるケースをたくさんわかっていたほうが、逆に「事を有利に運ぶためにはどうすればいいか」を正確に理解できるからです。

それに、勝ちパターンしか頭に入っていないと、形勢がちょっと負けのほうに傾いただけで、「どうしよう、どうしよう」とオタオタしてしまいます。

その点、負けパターンがわかっている人は、冷静に負けないほうへすぐに舵を切り直すことができるのです。

メジャーで活躍したイチロー選手には、この思考がありました。**「スランプこそ絶好調」**とは、彼の名言。「スランプこそが自分を成長させてくれた大きな要因であるという思いが強い」ことを意味しています。

もっと噛み砕いて言うと、スランプに陥ると、凡打の山を築きますね？　その凡打のなかに、成功の鍵が潜んでいると考えているのです。言い換えれば、「こう打つと凡打になる」というケースをいくつも知っていて、原因の分析をしているわけです。イチローのあの驚異的な成績は、まさに頭に刷り込まれた負けパターンの賜物。ビジネスにも通じる考え方ですね。

13 不得意分野でムリして戦うな

国の師に貧しきは、遠く輸せばなり。

超訳

来た仕事は何でも受ける。そういう気概は必要だが、その仕事をするには明らかにまだまだ実力が追いついていない、不得意な分野のものであるなら、ムリして受けてはいけない。うまくいかないだけでなく、失敗による手痛いダメージを受け、その敗北感から立ち直ることが容易ではないからだ。その分野の実力を磨くことが先決である。

仕事というのはだいたい、それをうまくやれそうな人のところに来るもの。

でも、ときに「どうして自分に？」と思うような仕事が舞い込んでくることがあります。

先方にもいろいろ事情はあるのでしょう。誰も引き受けてくれなかったとか、やって欲しい人はいるけどギャラが高いとか、そもそも誰に依頼すればいいかわからないとか……。

そんなとき、自分にはまだこなすだけの実力が備わっていないのに、ついムリして引き受けてしまうことがよくあります。

心のどこかに、

「いいお金になる」

「大きな会社とつながりができる」

「これまで以上のつき合いができる」

など、いろんな欲があって、「やらなければソン」だと思ってしまうからです。

しかし、それは違う。逆に、「やったほうがソン」です。

考えてもみてください。

自分にその仕事をするだけの実力も実績もない、言い換えれば現時点の自分の実力から見て「遠い」ところにある不得意分野に飛び込んだって、うまくやれるわけがないじゃないですか。

しかもその当然の帰結として失敗したら、事は単なる失敗にとどまらない。自分自身は敗北感にさいなまれ、心に「また失敗したらどうしよう」というトラウマをつくることになってしまいます。

また先方や周囲から、その一事をもって「あいつは使えない」とダメの烙印を押される可能性だってあります。

いずれにせよダメージは大きく、そこから立ち直るのは至難の業。妙な〝失敗癖〟がつくだけなのです。

ですから、**不得意分野の仕事がきたら功を焦って、ムリして引き受けない。**

次は自信をもって引き受けられるよう、実力を磨くことを考えるのが賢明というものです。

14 他人が放っておけない人材になる

智将は務めて敵に食む。

超訳

自分にとっては不得意分野でも、それを得意とする人はいる。そういうエキスパートをうまく使えることも、自分の実力のうちである。

不得意分野を減らす努力は必要ですが、すべての分野を得意に変えるなんてことは不可能です。

けれども知り合いに、自分の苦手な分野を得意とする人がいたら、どうでしょうか。その人に助けてもらうことができます。

ということは、いろんな分野のエキスパートを人脈に持っていれば、自分の不得意分野がなくなります。

つまり、人脈も実力のうち。自分の不得意なこの分野はAさん、この分野はBさん、この分野はDさん……といった具合に、自分の足らざるを補完してくれるたくさんのパートナーを持つ。

彼らとあたかも一人の人間のようになることで、どんな仕事でも受けることができるようになるのです。

それが孫子の言う「敵を食む」。

私なども自分の実力はそれほどではありませんが、教え子たちのなかには世界の要人と親しい大学教授とか、経済情勢に精通している金融機関のトップなど、とびきり優れた人が大勢います。

彼らが私の知らない情報や知識を教えてくれるおかげで、「田口先生、すごい情報をつかんでますね」と驚かれることもしばしば。幅広い分野で精度の高い講義をするうえで、本当に助けられています。

ただし誰もがパートナーになってくれるわけではありません。そこはやはりギブ&テイク。自分自身に光る専門分野があってこそ、その実力を目当てに、いろんな人が気持ち良く協力してくれるのです。

ビジネスがグローバル化するこれからは、いままで以上に多彩な専門能力が求められます。自分の力だけでは、とても太刀打ちできません。

だからこそ**自らの得意分野の実力を磨き上げ、他人が放っておけない人間になることが大事**なのです。

15 「ケンカ別れ」は愚の骨頂

敵を殺すは怒なり。敵に取るの利は貨なり。

超訳

意見が対立し、ケンカしてしまった相手とも、最後は握手して別れなさい。後々のことを考えれば、人間関係をつないでおくにこしたことはないのだから。

『朝まで生テレビ！』という討論番組がありますね？　田原総一朗さんが司会をし、評論家や政治家、実業家、ジャーナリストなど、十名前後の人たちが激烈な議論を戦わせるあの番組です。

それぞれがまさに「敵を殺すは怒なり」とばかりに自分の主張をぶつける様子を見

ていると、「番組が終わったら、つかみ合いのケンカになるんじゃないか」と思うほどの勢いです。

でも、ケンカどころか、無二の親友になるケースが多いそうです。おそらく、言いたい放題の討論をするなかで、互いの共通点や違いが明確になってきて、逆に気持ちが落ち着くからでしょう。

それに「あ、そういう視点があったのか」「ずいぶん詳しい情報を持っているな」といった発見もあり、「食事でもしながら、もっと詳しいお話を聞かせてくださいよ」となって、仲良くなるのだと思います。

これぞ「ケガの功名」ならぬ「ケンカの功名」！　ビジネスでも日常生活でも、意見や考えの対立する相手とたとえケンカのようになってしまったとしても、最後は「今日は貴重な意見を聞かせてもらった」「あなたの見識も大したものだ」などと言って、握手して別れなければいけません。そうすれば、ケンカをきっかけに後々いい人間関係をつくることが可能になるのです。

最悪なのは、相手をこてんぱんにやっつけて、あるいは互いに罵倒し倒した末にケンカ別れをしてしまうこと。人間関係はそこで断ち切られ、不愉快なだけで何も得るものがありません。

そうならないよう、**意識して気持ちをクールダウンさせなさい。そして冷静に相手の言い分を聞きながら、相手の有する能力や知識、知恵などを自分のものにするよう努めなさい。**それが孫子の言う「敵に取るの利」なのです。

16 ライバルさえも味方に取り込む

敵に勝ちて強を益す。

ライバルを完膚なきまでにやっつけてはいけない。**無傷のまま味方に取り込み、相手の持つものすべてを自分のものにしたほうが、自分はどんどん強くなれる。**

超訳

戦争に勝つと、敵の持っていたものすべてが自分のものになります。土地・建物はもちろん、戦車や武器から敗残兵まで、何もかもが自分の戦力となるわけです。

そう考えると、やたら人を殺したり、モノを壊したりする戦い方はしないほうがいいですよね？　できるだけ無傷のまま取り込んだほうが、後で自分の戦力をぐんとアップさせることができるではありませんか。

いわゆる〝ビジネス戦争〟でも同じで、ライバルをやっつければいいってもんじゃない。**競い合って勝つことを第一としながらも、勝敗が決した後に相手を自分の味方に取り込むことを考えなければいけません。**

たとえば、私がデザイン会社を経営していたころのこと。あるコンペで中国のデザイン会社と競い合い、結果的にうちが勝ちました。ただ、相手は「敵ながらあっぱれ」となってしまうくらい、すばらしい会社だったんです。

そこで、私はその会社を自社の戦力にしようと、戦いの熱が冷めたころを見計らって、上海まで社長に会いに行きました。そして「今日はあなたとビジネスの話をしたい」と切り出し、いろいろと話すうちに意気投合。なんと、その社長をうちの会社の社員にすることに成功したのです。

こうなれば、社長が率いる三十名の優秀な社員も、国内外のオフィスも、すべてが私のものになったも同然。M&Aのややこしい手続きをする必要もなく、労せずして自社の戦力を大幅に増強することができたのでした。

これ、最高の勝ち方でしょう？　だから、戦いにあってはライバルを敵対視して、やっつけることばかり考えてはダメ。ライバルが優秀であればあるほど、勝った後にいかにして味方に取り込むかを考えることが重要なのです。

17 「一番」を狙っている人についてみよ

兵を知るの将(しょう)は、生民(せいみん)の司命(しめい)、国家安危(あんき)の主なり。

理想の上司は、しっかりした戦略を持ち、一番になれるだけの運と実力を有する人物である。そういう人の下で力を尽くすのがよい。

超訳

あなたにとって理想の上司は、どんな人物ですか？

そんな問いを投げかけると、「有能な人」とか「成果は部下の手柄にし、失敗の責任はすべて引き受けてくれる人」「リーダーシップのある人」など、さまざまな答えが返ってきます。

どれもいいところをついていますが、あまりピンときませんね。私が名言だと思っているのは、松下幸之助さんの一言——**「運が強い人だよ」**です。

これは実に名言です。反対を考えれば、すぐわかります。もし運の弱い上司に仕えたとしたら……。

この松下さんの名言と同じぐらいの名言を孫子は説いています。

「絶対に勝てる、そう確信できるだけの裏付けをちゃんとつくっている人だ」と。

それで思い出すのは、豊臣秀吉の弟、秀長です。

彼は百姓が性に合っているからと、秀吉軍への参加をずっと渋っていました。しかし秀吉から強引に引っ張られた。そのとき、秀長は覚悟を決めたんですね。

「兄者は天下一になる将軍だ。よし、兄者につこう。兄者が天下一になれば、自分は天下二になれる」

こういう発想が大事なんです。

とにかく天下一でも世界一でも何でも「一番」を狙い、それを実現するだけの戦略と力量のある人物をボスとし、自分も同じ方を向いて力を尽くす。そう考えると、最短距離でナンバー2のポストが手に入るでしょう。

よく「部下は上司を選べない」と言われますが、そんなことはない。

現実にはダメ上司の下にいても、〝仮想上司〟なら誰を想定しようと自由ではありませんか。ぜひ、孫子の言う理想の上司を求めてください。

第三講

「謀攻篇」

「戦わずして勝つ」——これが「孫子」の鉄則

18 「連戦」してはならない

百戦百勝は、善の善なるものに非ざるなり。

超訳

戦いにおいては、自分も相手も傷つかないように勝つことを考えなければならない。どちらが勝っても負けても、傷つけば疲弊し、回復に大変な時間と労力がかかるからだ。だから一番いい勝ち方は、戦わずに勝敗を決することなのである。

ふつうに考えれば、「百戦百勝」はこれ以上ないというくらい、すばらしいこと。でも、孫子は「そんなのはちっとも褒められたものではない。むしろ非常に危うい。なぜなら現実に戦ってしまったんだから」と言っています。

戦う以上、互いが無傷でいられることはまずありません。それは何も実際の戦争に限らず、ビジネスにおける戦いだって、日常の諍い事だってそう。

一度争いを始めると、どうしたって互いに何らかの傷を負います。たとえ勝ったとしても、傷つけた相手の怨みを買います。「いつか仕返しをしてやる」と、新たな戦いの火種を植えつけることにもなります。

それに、勝ったほうだって、無傷というわけにはいきません。

壊滅的な打撃を被った敗戦国の戦後復興を担うのは戦勝国であるように、どんな戦いでも勝者は事の後始末に大変な苦労を強いられるのです。

たとえば、相手の怨みを封じるために、心身に受けた傷を治してあげるとか、経済的な手当をしてあげるとか。お金と労力のかかる、いろんなサポートが必要になるでしょう。

だから、戦っちゃあいけない。

もちろん、人生は戦い。勝つためには闘争心が必要です。

ただ、実際に戦う前に、自分も相手も傷つかない勝ち方、つまり戦わずに交渉で勝敗を決するような方法、もっと言えば**相手に「喜んで勝ちを譲ります」と言わせるくらいの方法を考えなくてはいけない**のです。

次に、そのための具体的な方法を見てみましょう。

19 戦う前に相手の戦闘心をくじく

上兵は謀を伐つ。

戦う前にまずたしかめるべきは、相手に戦う気があるかどうかだ。そのうえで「ある」とわかったら、相手が戦う気をなくすように仕向けるといい。それもまだ戦いの芽が小さいうちに摘み取ってしまうことが望ましい。

超訳

「天下の難事は必ず易きより起こり、天下の大事は必ず細きより作こる」

これは老子の言葉。天下の難事・大事といえども、事の起こりは簡単に解決できる些細なものだったという意味です。

戦いも同じ。ある日突然、「さぁ、戦争だっ!」と始まるわけではありません。ですから、相手の闘争心の芽をできるだけ早い時期に摘み取っておけば、戦いになることを未然に防ぐことができるわけです。

たとえば、ライバル会社が自分の会社と同じクライアントを狙っていると察せられるようなとき。私なら、すぐにライバル会社の社長なり担当者なりに会いに行って、うちと争う気があるかないかをたしかめます。

そのときは丸腰で行くのがポイント。前にも言いましたね。大した人物ではないように思ってもらったほうが、相手はこちらをなめてかかり、本音をポロリと洩らすからです。

そうしていろんな話を聞きだしながら、「戦意あり」とわかったら、その瞬間から態度を豹変させることが大切です。可能な限りの方法と回数で歴戦の強者としての実力を示し、自分たちの会社がいかに多くの戦いを勝ち抜いてクライアントを獲得してきたかをアピールするのです。加えて、こちらが相手の弱みを研究し尽くしていることも明確に示し続けます。それで相手のこちらに対する印象は大分変わります。

さらに、この戦いが「労多くして益少なし」と相手に思わせるような要素を次々と示していきます。

こんなふうに、**相手に早い段階で「こいつと戦っても勝てないな」と思わせる。**それが孫子の言う「謀を伐つ」ということ。

これができれば、戦う前にライバルたちをどんどん排除していけるのです。

20 戦略の基本は「非戦・非攻・非久」

善く兵を用うる者は、人の兵を屈するも、戦うに非ざるなり。人の城を抜くも、攻むるに非ざるなり。人の国を毀るも、久しきに非ざるなり。

超訳

これは自分にしかできないという「オンリーワン」の分野を持ちなさい。そうすれば戦う必要もなくなる。よしんば争いごとが生じても、長引かせないことを第一義とするべきである。

これは**「非戦・非攻・非久」**といって、孫子が戦略の三つの基本とするものです。

一つ目の**「非戦」**は、前述したように、とにかく戦っちゃあダメなんだ、戦わずに勝つ方法を考えなさい、ということ。

そのために大事なのは、ビジネスでも人生でも、こちらが誰にもマネできない、自分にしかできない「オンリーワン」の分野を持つこと。勝てないとわかっている相手に、好んで戦いを挑んでくる者などいません。

次の**「非攻」**は、自分から力ワザで相手をねじふせるようなことをしてはいけない、ということ。勝てる相手であればなおさら、わざわざこちらから仕掛けることはありません。戦争で言うなら兵糧攻めとか水攻めとか、相手が追い詰められて内部から崩れていくのを待てばいいのです。

ビジネスにおいても、自分が圧倒的な実力を持つことで、ライバルを不利な状態にすればよいのです。

そして第三の**「非久」**は、「もう争わないわけにはいかないな」となったら、それを長引かせてはいけない、ということ。

ビジネス上の競争でも、人間関係のもめごとでも、争いが長引くと泥沼化して双方が疲弊するだけ。緒戦に全力投入し、勝って主導権を握り、早いうちに切り上げることが肝要なのです。

「負けるが勝ち」ということもありますから、当面は相手にわざと勝ちを譲ることも戦略の一つでしょう。その意味では、「十年後には勝つさ」と確信できる長期的な戦略がモノを言う、とも言えますね。

21 「逃げ」の一手は卑怯にあらず

少なければ則ち能く之を逃れ、若かざれば則ち能く之を避く。

超訳

相手の力量に応じた戦い方というものがある。とくに圧倒的に相手が強いときは、戦うにおよばない。「逃げの一手」もまた上策なのだ。

戦う前には、相手の力量をよくよく観察し、力量差を七つに分類して判断基準とすることは、第一講で述べた通りです。

そのうえ、とてもかなわない相手から戦いを仕掛けられたときの戦略について、よくよく考えておくことが必要です。

なかでも重要なのは「逃げる」という戦法。

日本人はとかく逃げることを卑怯と考えがちです。特攻精神と言いますか、負けるとわかっているのに、玉砕覚悟で突っ込んでいくようなことを潔しとするのです。

でも、冷静に考えてみてください。それは勇気ですか？　単に無謀なだけです。

相手の力量のほうがうんと上だというときに、負けを承知で戦うなど、戦略ではない。孫子はそう言っているのです。戦うには時期尚早なわけです。

だから中国の故事にもあるように、「三十六計、逃げるに如かず」。あれこれ策をめぐらすより、とりあえず逃げたほうがいい。そのエネルギーを、相手を凌ぐ実力をつけることに傾けたほうが賢明というものでしょう。

ここにあるのは「最終的には勝つ」という戦略。逃げることは決して卑怯ではなく、勝つための重要な戦略の一つであると考えてください。

もう一つ大事なのは、**力が尽きる最後の最後まで戦ってはいけない**、ということです。そんなことをしたら、自分の力をすべて消費してしまい、二度と立ち上がれなくなるではありませんか。それは力のムダづかいでしかありません。

組織間の競争も同じ。ライバル会社が明らかに優勢とわかったら、さっさと戦いの舞台から降りたほうがいい。ようするに「戦いの仕切り直し」。

戦争で負けると、敗残兵がみんな捕虜にされてしまうように、自分の会社の持てるものすべてがライバルに取り込まれてしまいかねません。そんなこと、不名誉です。

いつまでもがんばったところで、ろくなことにはならない。そう心得てください。

この部分ではほかに四パターンの力量差に応じた戦略について、孫子が述べています。そこにも触れておきましょう。


第一に、自分のほうが十倍、つまり圧倒的に力がある場合は「囲い込め」。一言で言えば、相手が戦いから降りるよう、終戦工作をしなさい、ということです。

たとえば相手が誰を頼りにしているか、どういう人と親しいか、といったことをまず調べる。次に、そういう人たちにアプローチして、仲介役になってもらう。つまり、こちらには相手を圧倒する力があることを、それとなく伝えてもらうのです。あるいはマスコミを利用して、こちらの力を宣伝してもらってもいい。

そうすると、相手は「そんなにすごい力があるのなら、やめておこうかな」と戦う意欲を失います。ムダな戦いに応じずにすむのです。

第二に、自分のほうが五倍の力がある場合。その程度の差だと、こちらの力をきっちり認識させる必要があります。

たとえば剣道でも、「俺は強いんだぞ」と豪語している人が、実際に立ち合ってみたら弱かったということがよくあります。相手は当然、「口ほどにもない奴かも」と思っているので、ちょっと戦って「本当に強いな」とわからせたほうがいいのです。

第三に、自分の力のほうが倍は上だという場合、孫子は「兵力を二つに分けて、敵を挟み撃ちにしろ」と言っています。

セールス競争で言うなら、たとえば猛烈な販売攻勢をかけると同時に、相手のトップセールスマンをこちらに引き抜くなど、とにかく相手に二重のダメージを与えるような戦法を意味します。相手は白旗をあげざるをえないでしょう。

第四に、力が五分五分の場合、勝敗を決するには戦うしかなくなります。そうならないよう、日ごろからもっと力を蓄えておけと、孫子は言っています。

逃げることを含めたこれら五つの戦法を、相手との力の差を計ってビジネスや人間関係にも応用するといいでしょう。

22 自分の能力を殺してしまうな

将(しょう)は国の輔(ほ)なり。輔、周(しゅう)なれば則(すなわ)ち国必ず強く、輔、隙(げき)あれば則ち国必ず弱し。

超訳

事を**成**すには、さまざまな**能力**が**必要**だ。しかし**持**っているだけでは**足**りない。それらの**必須能力**を**縦横無尽**に**使**いこなし、**最大限**の**力**を**発揮**できるだけの**体力・気力**に**満**ちていることが**重要**なのだ。

このくだりはふつう、リーダーシップ論として読まれます。

企業で言うなら「最高責任者たる社長と、現場責任者とが一枚岩であれば、その会社は強い」とし、さらに社長は信頼できる現場責任者を自分の右腕とし、現場のことは現場を一番よく知っている責任者に権限移譲することの重要性を説いています。

具体的には、社長が現場責任者に余計な口出しをしてはダメだと言うんです。

たとえば現場責任者が「じっくり待て」と命じているときに、社長が「とにかく進め！」と横車を押す。逆に、現場責任者が「進め！」と命じたのに、社長が「いや、待て」と止める。あるいは社長が現場の実情を知りもしないで何かと干渉したり、現場責任者の頭越しに指揮をしたりする。

そんなふうでは組織が混乱して、内部から弱体化してしまいます。孫子はそのことに警鐘を鳴らしているわけです。

翻ってここでは、強い人間と能力との関係に置き換えて、読んでみましょう。

どんな仕事でも、他を圧するスペシャリストになるためには、必ず身につけていなければならない能力がいくつかあります。

たとえばマーケッターなら、市場動向をはじめ製品・価格・広告・販売・流通ルートなど、マーケティング全般について的確に調査する能力、それを計数分析する能力に加えて、ミクロ経済だけではなくマクロ経済を読む能力、豊富なケーススタディに基づいて現場を動かす能力、プレゼンテーション能力、さらに海外マーケットを対象とする場合はネイティブ並みの英語能力……実に多彩な能力が求められます。

しかも一つひとつの能力が完璧に磨かれていて、すべてが連関性をもって、現場で縦横無尽に実践されなければなりません。

それが孫子の言う「周」。車輪のように、それぞれのスポークが独立して働きながら、一体となって強い推進力が発揮される、というイメージですね。

それだけの能力が完璧に備わっていれば、もう十分すぎるくらいに感じるかもしれませんが、孫子はまだ足りないとしています。あとは何が必要なのか。それは、身に備わった能力をフルに発揮させる司令塔たる自分自身の体力と気力です。

せっかく十分な能力が備わっていても、体調が悪かったり、疲労困憊だったりすると、体のことばかり気になって、仕事どころではなくなります。元気はつらつの健康体でなければ、自分で自分の能力を殺してしまうことになるのです。また気が弱かったら、何をやるにもビクビク、オドオド。せっかくの能力も発揮できません。気力に満ちているからこそ、能力をどんどん押し出していけるというものです。

もっと言えば、「火事場のバカ力」ではないけれど、**能力が多少劣っていても、気力さえあれば実力以上の力を出すことだって可能**です。

ようするに、仕事で成功しようと思ったら、能力を磨くだけではなく、それを実践する行動力と、その行動力を促す体力・気力を持たなければいけない。でないと、せつかくの能力も「宝の持ち腐れ」になりかねない。そう孫子は説いているのです。

23 過大評価も、過小評価もしない

彼を知り己（おのれ）を知れば、百戦（ひゃくせん）して殆（あや）うからず。

相手と自分、双方の能力を客観的に、正確に評価できれば、戦略の精度が高まる。とりわけ自分自身の能力評価は厳しくすることが望ましい。

超訳

人は誰しも、「他人に厳しく、自分に甘い」もの。それは能力評価においては、他人を過小評価し、自分を過大評価することにつながります。そうしたい気持ちはわかりますが、ここを改めない限り、競争に勝ち抜くことはできません。だから、身につけるべき考え方はまったく逆。**「他人に甘く、自分に厳しい」**ことが求められます。認めたくないかもしれないけれど、相手の強みをきちんと認識する。それも実力以上に評価する。そうすることによって、こちらは十分な備えができます。

もっと難しいのは「自分に厳しく」すること。誰しも自分のダメなところは認めたくないので、つい評価を甘くしてしまいがちです。

たとえば客観的に見て自分の短所・弱点がわかっているのに「相手に比べて、劣っているというほどのものでもない」と気にしないようにしたり、主観的にしか自分を見られなくて半ば本気で「俺は優秀だ。誰にも負けない」と思いこんだり。

そんなふうだと、どうしても脇が甘くなり、相手に付け入る隙を与えてしまいます。

自分の能力を厳しく評価するということは、弱点をいかにして相手に見せないか、あるいは弱点をどう強みでカバーするかを考えることにつながるのです。それによって、「隙のない強い人間」になれます。

「相手に甘く、自分に厳しい」能力評価をすれば百戦百勝が現実的なものになる。でも、厳しく自己評価をするのはいいけれど、相手のことも厳しく過小評価するようだと、勝ち負けは五分五分。相手を厳しく過小評価して、自分に甘く過大評価してしまうと、まず勝ちは望めない。

孫子のあまりにも有名なこの言葉をこんなふうに理解すると、客観的にして正確な能力比較に基づく精度の高い戦略が立てられるでしょう。

第四講

「形篇（けいへん）」

思い通りにならない状況をいかに突破するか

24「負けない自分」のつくり方

勝(かち)は知る可(べ)くして、為(な)す可からず。

超訳

相手は自分の思い通りに動いてはくれない。そんな「できないこと」を想定して戦略を立てても勝ちはおぼつかない。それよりも「負けない自分」をつくることを考えよ。自分でコントロールできるのは自分自身だけなのだから。

相手の動きを予測することは大切。しかし、限界があります。

相手が自分の思い通りに動くようにコントロールすることはできないからです。

ところが負ける人というのはたいてい、自分の都合のいいように相手が動いてくれるものとして、策を練っているものです。それで思い通りにならず、「そう出るとは思わなかった」と打つ手がなくなってしまうのです。つまり、自分がコントロールしようとした相手に、逆にコントロールされてしまうというわけ。

人間関係もこれと同じ。悩みやもめ事の大半は、相手が自分の思い通りに動いてくれないことに起因します。

「どうしてそんなことをするんだ」

「ふつうはこう考えるだろう。こうするだろう」

というふうに考えて、自分の描いたシナリオ通りに事が運ばないことにイライラ・モヤモヤを募らせてしまうわけです。

自分にはコントロール不能なそんなことにエネルギーをかけるよりも、もっと大事なことがあります。

それは**コントロール可能な唯一の存在である自分自身を動かして、「負けない自分」「負けない人生」をつくる**こと。それなら、自分の思い通りにできます。

とはいえ「どうすれば、そんなことができるんだ」という声が聞こえてきそうです。

その答えの一つは、前にお話しした「五事七計」にあります。

あれを徹底的にやって、自分を強化していけば、必ず「負けない自分」がつくれるし、「負けない人生」を歩むことができます。

それはそれとして、ここでは一つ、私が実践してきた「後退のない人生」のつくり方についてお話ししましょう。

「負けない自分」とは言い換えれば、「いまよりダメにならない自分」であり、同様に「負けない人生」とは「いまの状態より悪くならない人生」。そう考えて、いまの自分・いまの人生を「どん底」と決めるのです。

たとえば年収がいまは三百万円で、そこが「どん底」だとすると、それ以上はもう落ちようがない。だから上に上がるしかなくなるんです。そうやって「どん底」の年収を決めると、それが四百万円になり、六百万円になり、一千万円になりという具合に、自動的に年収を上げていくことができます。

なぜなら、年収を上げるためにはどうすればいいかを考え、行動するようになるからです。そこに、他力を頼らず、「自力でのし上がっていって、最終的には勝つ」ための戦略と行動力が生まれるわけです。

同じように仕事の成果や内容、地位、人格、人脈、信用度など、さまざまな項目にわたって「どん底」を設定すると、必ずや総合力が上がっていきます。

そんなにうまくいくわけはないと思いますか？　これがうまくいくんです。

私自身、若いころは言ってみれば「後退ばかりの人生」でした。

最初はミュージシャンになって、一流と評価されるところまでいったのに、指をケガして挫折。その後、前述したように映画の仕事をして、ロケで瀕死の重傷を負って、これも挫折。九死に一生を得てやっと立ち直り、コンサルティング会社を立ち上げたものの、しばらくは〝開店休業〟状態。もちろん、いいときもありましたが、総じて若いときはうまくいかないことの連続だったんです。

それで、あるとき「どうして後退するのか」と悩んで悩んで、ようやく気づいたのです、まだ下があると思っているから落ちるんだと。

上り詰めたら、下るしかない。どん底に落ちたら、上がっていくしかない。

そういう単純な図式のなかで自分自身を、人生を捉えてみる。そして**常に「いまがどん底だ」と考える。**

そうすると「負けない自分」「負けない人生」をつくって、上昇気流に乗っていくことができるのです。

25 好機が来るのを焦らず待つ

勝つ可からざるとは守るなり。勝つ可しとは攻むるなり。

超訳

「負けない自分」をつくったら、あとは「果報は寝て待て」。焦らず静かに時機を待ち、相手の隙をついて攻めれば勝てる。

よく「攻撃は最大の防御なり」と言われます。一面で真実を言い当てていますが、その前に「防御は最大の攻撃なり」ということを考えなくてはいけません。

たとえば野球などのスポーツでも、鉄壁の守備体制を敷いていると、まず点を取られることはありません。少なくとも失点を最小限に抑えることができます。ここをおろそかにすると、いくら攻撃して大量の点を得ても、それ以上の失点をしてしまう可能性があります。

人間は勝ちを焦ると、攻撃のことばかり考えてしまう。孫子はそこに着目し、**まず守りを固めることが肝心だ**と言っています。これは前項で言えば「負けない自分」

「負けない人生」をつくることに相当します。

でも攻撃しなければ、勝てません。ならば、どうするのか。

十分に負けない備えをしたうえで、焦らずに静かに相手が隙を見せるのを、あるいはライバルたちが次々と自滅していくのを待つのです。寝ていればいいのでも、遊び呆けていればいいのでもなく、いつでも攻めていけるように緊張感をもって待つのがポイントです。

わかりやすい話として、古い戦略論に出てくる「泥魚の話」を紹介しましょう。

日照りが続くと、川や池は干上がりますね？　魚たちはみんな、水やエサのあるところを求めて右往左往します。

でも、泥魚は泥のなかに潜り込んで、じーっとしています。そうして水分を補給しながら、エネルギーを溜めこんでいるのです。

長くても二十日も経てば、雨が降ります。しかし、そのときまでには、魚の大半は消耗が激しく干からびて死んでしまいます。生き延びた泥魚だけが、ライバルのいなくなった川や池で、悠々とエサを独り占めにするのです。

「守りを固めて勝機を待つ」とはそういうことなのです。

26 最後に勝つ人の「感情の整理法」

能く自ら保ちて、勝を全うす。

超訳

競い合いや争い事では、冷静さを欠いたほうが負ける。自分自身を常に冷静に保つことが勝ちを呼び込むのだ。

勝負事や賭け事、争い事などでは、つい頭にカーッと血が上って負けてしまうことがあります。あるいは勝ち負けに関係のない場面でも、感情的になったために判断を誤ったとか、後々イヤな思いをひきずったとか、そんな経験は誰しもお持ちでしょう。その経験から、感情的になっていいことは何もないと、たいていの人が頭ではわかっている。でも「感情をうまくコントロールできない」ことに悩んでいる。それが現実でしょう。

孫子はここで、「守るときは敵の目をくらまして姿を隠し、攻めるときは高所大局から物事を見定めて機動するのがよい。そういう攻守の姿勢をとるには、常に冷静沈着であることが求められる」としています。

ただ「どうすれば冷静さを保てるか」までは言及していません。

そこを補っておくと、私自身は感情をコントロールするために、ちょっとしたトレーニングを行ないました。その方法を紹介します。

たとえば、怒りの感情がわいたとき。最初はそれを制御せずに気がすむまで猛烈に怒りまくります。その怒りが一週間でおさまったとしたら、次に怒りの感情がわいたときは「よし、四日間だけ怒ろう」というふうに決めます。

そうして段階的に、感情をひきずる期間を短縮化していくのです。

最終的にそれが一日になり、三時間になり、一時間になると、もう大丈夫。どんなに頭にくることがあっても、その場で感情をおさめられるようになります。

人間だから喜怒哀楽はあって当たり前。あっていいんです。困るのはそれが長引くこと。**負の感情ばかりでなく喜びの感情だって、長引けば有頂天状態が続いて、良いとは言えません。**

だからトレーニングによって、できるだけ短時間で平常心に戻れるようにする。それが喜怒哀楽を超越して冷静さを保つことにつながるのです。

27 「できて当たり前」がプロの仕事

古の所謂善く戦う者は、勝ち易きに勝つ者なり。

超訳

「いや、がんばりましたね」などと周囲から褒められるようでは大した人物ではない。どんなに難しいことも、当たり前のようにやってのけるのが達人なのである。

メジャーで活躍したイチローは、どんなヒット性の当たりも凡フライにしてしまうところがありました。バッターの打つ球がどこへ飛んでくるかを正確に予測し、楽に捕れるところに守備位置をずらしていた。だから、拍手も何もない。

そんなときのイチローは内心大喜びだったでしょう。プロなら捕れて当たり前、というところに勝負の醍醐味を感じるからです。

逆に、読み間違いがあると、ダイビングキャッチなどをしなければならなくなります。それで捕れたらファインプレー。観客は大喜びしますが、イチローは恥ずかしくてしょうがなかったそうです。「すんでのところで捕れた」という状況をつくってしまった自分が許せなかったのでしょう。

つまり、どんなに難しいことでも楽々こなしているように見えるのが達人。周囲に「よくがんばったね」と褒められるようではまだまだ青い。

その意味では、**褒められたら恥と思うくらいでないと、とても人生の勝利者にはなれません。**

自分から周囲に「大変だったんだよ」「すごくがんばったんだよ」などと吹聴するなんて、もってのほか。自らの未熟さを喧伝（けんでん）しているようなものです。

孫子はこのくだりで、

「髪の毛を一本持ち上げたからといって力持ちとは言わないでしょう？」

「太陽や月が見えるからといって目がきくとは言わないでしょう？」

「雷の音が聞こえたからといって耳がいいとは言わないでしょう？」

といったおもしろい表現を用いています。誰もが当たり前にできることと、戦争に勝つこととを同列に捉えて、戦上手はかくありなんと説いているのです。

みなさんも、もし人から褒められたら、「自分はまだまだだな。恥ずかしいな」と思ってください。さらなる成長はそこから始まるのです。

28 「現場」には必ず「一番乗り」せよ

勝兵は先ず勝ちて、而る後に戦いを求め、
敗兵は先ず戦いて、而る後に勝を求む。

超訳

交渉事でも何でも、すでにうまくいったも同然という状況をつくり出してから臨むのが順序である。「当たって砕けろ」的な行動では、何事もうまくいかない。一番乗りで現場に入って、うまくいくシミュレーションをしておきなさい。

このくだりを講義するとき、私はいつも「勝ってから戦うのが順序だと、孫子は言っています」と言います。

たいていの人はポカンとしますね。「戦った後でないと、勝つか負けるかわからないじゃないか」と思うからでしょう。

でも、ここまで読んできたみなさんは、もう孫子の言いたいことがわかりますね？

そう、「絶対に負けない準備をして、勝ちを確信してから戦いなさい」ということです。

これを交渉事やプレゼンテーションなどに置き換えて考えると、「双方が対峙（たいじ）した瞬間に、相手が気をのまれてしまうように仕向けなさい」というふうに読めます。

そのためにどうするか。

一番簡単で大事なのは、その場に集まる誰よりもうんと早く現場もしくは現場周辺に入り、うまくいくシミュレーションを十分にしたうえで、事に臨むことです。

私も講演のときなどは、必ず会場に一時間半前に到着するようにしています。周辺を散歩しながら気持ちを落ち着け、話をどう進めていくかリアルにイメージしながら周到に準備を重ねるのです。

そして何食わぬ顔をして、十五分くらい前に会場入り。そのときには、もう誰の目にも私は余裕しゃくしゃく、自信満々に映るはずです。

打ち合わせや交渉事のときも同じ。必ず一番乗りをするようにしています。

相手が遅れて来ようものなら、「しめしめ、勝負あったな」と喜ぶくらいです。相手はこちらと顔を合わせた瞬間から、遅刻を謝ってばかり。こちらは事を有利に進められます。

みなさんも相手がある仕事のときはとくに、ゆめゆめ時間ギリギリに現場に滑り込むようなことをしてはいけませんよ。自分で自分を追い詰めるようなものですから。

第五講

「勢篇」

結局、一番強いのは「勢いに乗っている人」

29 整理整頓能力のある人は「頭が切れる」

凡そ衆を治むること寡を治むるが如くするは、分数是なり。
衆を闘わすこと寡を闘わすが如くするは、形名是なり。

超訳

現代人は多くの仕事や用事をこなしている。それらを一つひとつ、来た順にやっていては時間ばかり食って、はかどらない。分類・整理して処理したほうが、ずっと効率的に進められるし、頭のなかもすっきりする。その際に必要なのは、鍛えられた整理整頓能力なのである。

多くの仕事を抱えて、「あれもやらなきゃ、これもやらなきゃ」と忙しくしている人をよく見かけます。そういう人は、孫子に言わせれば「整理整頓能力のない人」。

ここで孫子は「大軍団をきちんと組織立てて、小部隊のように統制しなさい」と言っています。

これを仕事に置き換えて考えれば、「どんなにたくさんの仕事が来ても、それらを整理・分類して同じような種類の仕事をまとめて行なうようにすれば、効率はぐんと上がるよ。それが仕事のできる人だよ」というふうに受け取れます。

来る仕事に片っ端から取りかかる。あるいは一つの仕事にちょっと手をつけては次、その仕事にまたちょっと手をつけては次、といった具合に進めていく。

そんなふうだと、時間がかかってしょうがない。頭のなかもぐちゃぐちゃでしょう。それで「忙しい」と言っているのだとしたら、その人は整理整頓能力が欠如しているのです。

逆に、**仕事を整理整頓して効率的に進めることができる人は、頭のなかもすっきりしていて、いわゆる「切れる人」**です。

江戸時代の幼年教育では、「灑掃（さいそう）」、つまり清掃を徹底的に学ばせました。なぜなら子どもたちが長じてリーダーになったとき、矢のように降ってくる大事・難事を整理整頓してさばいていく能力が求められるから。リーダー養成の一つのトレーニングとして、整理整頓能力を身につけさせたわけです。

これは現代のビジネスマンにも通じる教えでしょう。幼いころにそういう教育を受けてこなかった人は、いまからでも遅くない。整理整頓能力を磨いてください。

30 戦い方の「バリエーション」を増やせ

凡そ戦いは正を以て合い、奇を以て勝つ。

超訳

正攻法だけでは、物事はうまく運ばない。状況をよく観察し、それに応じて柔軟に判断・行動することが必要だ。そのためには、多彩な能力を持ち、それらを自在に組み合わせて発揮する準備をしておくことが求められる。

相撲の取り組みを見ていると、最初は正面から立ち合って、次の瞬間から互いに次々と正攻法と奇策を繰り出していきます。力士たちはあんなに短い時間のなかで瞬間、瞬間、相手と状況を観察し、それに応じてどう攻めるかを判断しているのです。

勝敗の決め手となるのは、判断力もさることながら、それ以前の問題として、自在に組み合わせて発揮できる技をどれだけ多く持っているか。ビジネスマンも強い力士のようでなくてはいけません。

軸となる能力は三つとか五つくらいでいいけれど、それらを無限に組み合わせて使えるようにしておく必要があるのです。一言で言えば、どんな場面にも柔軟に対応できるだけの行動のバリエーションを持つ、ということです。

孫子はこのバリエーションについて、声・色・味にたとえてこう言っています。

音声を構成する要素は、宮・商・角・徴(ち)・羽の五音階に過ぎないけれど、これらを組み合わせたメロディは変幻自在じゃないか。

色彩を構成する要素は、青・赤・白・黒・黄の五原色に過ぎないけれど、これらを組み合わせた色は無限にあるじゃないか。

味を構成する要素は、酸っぱい・辛い・塩辛い・甘い・苦いの五種類に過ぎないけれど、これらを組み合わせた味はすべてを味わえないほどたくさんあるじゃないか。

ここから私たちが読み取るべきは、**自分の持つ能力はそう多くはなくとも、それらを組み合わせれば力の発揮のしようはいくらでもある**、ということです。

例えばプロ野球のピッチャーでも、「真っ直ぐ（ストレート）とスライダーとフォークボールにカーブ」ぐらいしか球種を持たない人は多いのです。しかし緩急やボール一つの内側、外側を投げ分ける制球力とタイミングで勝星をあげているのです。私の場合も、ケーススタディと財務会計とリーダーシップの知識と中国古典ぐらいしか技の型を持ちませんが、そのとき最も的確な順番で語っていくことにより説得力が生じているのです。

どんな状況にも対応できるよう、日ごろから自身の能力分析とバリエーション豊富な行動パターンを考え準備しておきましょう。

31 「あきらめない人」が最後には勝つ

奇正の相生ずること、循環の端無きが如し。孰か能く之を窮めん。

多彩にして柔軟な対応力があれば、あの手この手とやりながら、際限なく行動し続けることが可能になる。結果、「あきらめないほうが勝ち」という状況になるのだ。

超訳

「会社に入るときは、誰もが社長になろうと思っていたはずだ。ところがたいていの人は、思い通りにならないことがたくさんあって、いつの間にかあきらめてしまう。

自分が社長になれたのは、あきらめなかっただけのことだ」

経営者のなかには、こんなことを言う人が少なからずおられます。なるほど、言い得て妙。

ただ、彼らは単にあきらめなかったわけではありません。**どんな状況でも柔軟に対応し、終わりのない戦いをするように仕事をしてきた。**それが「あきらめなかった」という言葉の本当の意味です。

これは大事なことです。何につけ、あきらめない人が勝ち。「起上り小法師」のようなもので、何度倒されそうになってもすぐに起き直る。それができるだけの行動のバリエーションを持っているということなのです。

思い出すのもイヤなのですが、私にもそんな「起上り小法師」のような人たちにしてやられた経験があります。

それは、ある訴訟に巻き込まれたときのこと。示談にしようとなって、話し合って決着の文章をつくったのですが、向こうはなかなかウンと言わない。相手は香港の人たちで、その場では「いいね、それでいこう」と言うのに、いざ決着しそうになると「いや、まだ言いたいことがある」と、話をふりだしに戻すのです。

都合、二年はやりとりを繰り返したでしょうか。とにかく彼らはしつこい。行くと歓待してくれるいい人たちなので、余計に始末におえない。攻撃のバリエーションの豊富で終わりのないことといったら、まるでメビウスの輪のようでした。

最終的に私は、「もういいよ、あなたたちの好きにしてくれ。私の負けにして欲しい」となってしまったのでした。

これを一つ、みなさんの教訓にしてください。あきらめないほうが勝ちなのだと。

32 短期集中が「勢い」を生む

激水の疾くして石を漂わすに至るは、勢いなり。
鷙鳥の疾くして毀折に至るは、節なり。

超訳

ものは勢いだ。堰き止められた水が、やがて岩をも押し流す勢いを持つように、力を最大限に溜めて、ここぞのときに勢いよく力を発揮するのがよい。

弓矢で獲物を仕留める自分を想像してみてください。弓を力の限りぎゅーっと絞って、その力が最高潮に達したときにエイッと矢を放ちますね？

そのときの精神状態はどうでしょうか。非常に集中力が高いはずです。このように、力をめいっぱい溜めて勢いをつけるためには集中力が必要なんです。

これを仕事に置き換えると、**「だらだらと長時間やっていても、勢いが出ませんよ。集中力をきかせて準備をし、ここぞというときに一気に行動しなさい」**と読めます。

私なども日常は集中して中国古典を読むなどして、その溜め込んだ力を講演や講義のときに出すようにしています。そうすると、話す内容が濃くなることはもちろん、勢いづいている分、話に迫力も出ます。聞いてくださる人に言いたいことをガツンと伝えることができるのです。

物事に取り組むときに気が散るようでは、時間ばかりかかって、しかも大した成果は上がらないものなのです。

孫子はこのくだりを、激水と鷙鳥にたとえています。激水とは、堰き止められた水が一気に流れ出すこと。大きな岩をも押し流す力になるとしています。また鷙鳥とは、鷲や鷹などの猛禽のこと。

彼らは上空を悠々と飛びながら獲物を探し、「いまだ！」という瞬間に一直線で獲物を目指して降下し、背骨を砕いて仕留めます。瞬間的に出す力がすごいんですね。これは、自然を観察する目が鋭い孫子ならではの表現です。
何事も勢いが大事であることは、前に述べた通り。その勢いをつけるには、集中力がポイントであることを覚えておいてください。

33 膠着状態になったら、あえて隙を見せる

利を以て之を動かし、卒を以て之を待つ。

事態が膠着してしまったときは、こちらがわざと隙を見せて、相手がそこに食いついてくるように仕向けるとよい。事態はこちらの思う通りに動き出す。

超訳

双方、一分の隙もなく、事が動かなくなってしまったときは、何とか打開策を考えなければなりません。その方法は、どちらかが動くこと。

ただし、自分のほうから闇雲に動き出すのは、あまり得策ではありません。単に〝睨み合い〟に焦れただけで、無防備このうえない。相手は「待ってました」とばかりに、その隙をついてくるでしょう。

そうではなくて、相手を動かす。

そのためには承知のうえで、わざと隙を見せてみるのです。相手も相当イライラが募っていますから、ちょっとした隙を見せれば、やはり「待ってました」とばかりに、すぐにそこをついてこようとするはずです。

つまり、こちらは承知のうえなのですから、こちらが予測した通りの行動をとってくれたということです。あとはこちらの立てた計画通りに事を進めていくことが可能になります。

そのときに**一番手っ取り早いのは、相手が欲しいものをちらつかせる、あるいは望んでいる状態を見せること**だと、孫子は言っています。見せるだけで、本当には与えないので「おとり作戦」とか「誘導作戦」などと言ってもいいでしょう。

こういうことを知っていると、自分で行なうことよりも、相手のこのような手に乗らないですみます。より相手の戦法が読めるようになるのです。

ますます市場は地球規模に広がり、戦うべき相手はより老獪で、よりしたたかなレベルになると思わなければいけません。その上をいくぐらいでなければ、勝利をつかむことは不可能だと思ってください。

34 危機感を「勢いのエネルギー」に変える

善く人を戦わしむるの勢い、円石を千仞の山に転ずるが如きは、勢いなり。

超訳

木や石は平坦なところでは動かないが、急な坂の上などに置けば勢いよくゴロゴロと転がり出す。同様に、組織や人も安定した状態より、危機的な状況にあるほうが勢いがつく。

行動力に欠ける、勢いのない人や組織は、なぜそうなるのでしょうか。

一つは、安定した環境に置かれて、ぬくぬくとしていることが原因です。あえて行動を起こさなくても、困ったことにはならない。その安心感から、行動力が鈍ってしまうのです。〝平和ボケ〟しているいまの日本のような状況ですね。

平穏な状況が続く間はそれでもいいのですが、一度大事・難事が降りかかったときに「さぁ、行動しろ」というのはムリな相談でしょう。行動力はある種、習慣の賜物でもありますから、常日ごろから磨いておかなければ用をなさないのです。

つまり、自分自身や組織の勢いを保つには、常に危機的な状況にあること、言い換えれば緊張感を持って事に当たる姿勢を持っていることが必要なのです。

緊張感とか危機感というのは、言ってみればそのとき置かれている状況がつくる心のありようです。

人も組織も、安定しているとどうしてもだらけてしまう。でも、目の前に常に達成困難な問題や挑戦的な課題があれば、イヤでも緊張するし、危機感から何とか現状を打開せねばと行動を起こすようになる。

だから、自分や組織をどういう状況にさらすかが、非常に重要なのです。

もしあなたが管理職ならば、自分だけではなく部下たちを危機的な状況に追い込み、やる気を出させることも考えなくてはなりません。でないと、「現状維持でいいや。

何もせずにいたほうが、事は丸くおさまる」などと考える、なまぬるい〝事なかれ主義〟の部下ばかりになって、組織がどんどん弱体化していきます。

もう一つ、人や組織が勢いをなくす原因となるのは、考え方や態度が硬直している、つまり柔軟ではないことです。

孫子が四角い物体にたとえて、「方(ほう)（四角）なれば則ち止(とど)まり」と言っているように、四角四面の考え方をする人や組織はなかなか動かない。角をとって丸くしてやらないと、行動するための勢いがつかないのです。

そういった「硬直」はほとんどの場合、長年それでうまくいっていた方法に固執することから生じます。ということは、根本から変わらざるをえない状況をつくりださないことには、どうにもなりません。

やはり「このままだと、自分はダメになる。組織は立ち行かなくなる」という危機感を持つ必要があります。切羽詰まった状況に置かれて初めて、人も組織も重い腰を上げる、という感じでしょうか。

ただ、本当に切羽詰まってからでは遅いので、「このままでは危うい」ということを種のうちに見つけることがポイント。

常に緊張感を持って現状を見つめ、問題点を洗い出しては自分を行動に駆り立てる。あるいは組織のやる気を引き出す。そういうことが必要なのです。

孫子の表現を借りるなら、自分自身や組織の力は常に「勢いよく深い谷を転がっていく丸い石」のようでなければいけない。重要なのは力を持っていることではなく、その力を引き出して「勢い」にしていくことなのです。

この「勢いに求めて、人に責(もと)めず」という孫子の考え方は、個人の能力・組織の集団としての能力を発揮するうえで、非常に役立つものです。

第六講

「虚実篇」

「主導権」を握って、ライバルを圧倒する

35 自分のペースで事を進める極意

善く戦う者は、人を致して人に致されず。

超訳

困難を前に逡巡している暇はない。困難を粉砕して進めるよう、いち早く主導権を握ることが重要だ。

困難が降りかかってきたり、厄介事が起きたり、調和をかき乱す人物がいたりして、自分が「振り回されている」と感じることはありませんか？

それこそが孫子の言う「致されている」状態。自分が主導権を握れずに、右往左往させられていることを意味します。

そんなふうでは何事もうまく進みません。自分が困難や厄介な人たちを「致す」、つまり自分が主導権を握って周りを動かしていかなくてはいけないのです。

その**主導権を握るためには、いち早く困難を察知して、迎え撃つくらいの勢いで自分から仕掛けていく**必要があります。対応が後手後手にならないよう、先回りして困難を制し、自分の思い通りに事を進めなくてはならないのです。

セミナーなどでは、この言葉を聞くと多くの受講生たちが「うーむ」となってしまいます。「致されている」ことの多い我が身を反省するからでしょう。

困難に見舞われたり、厄介事に巻き込まれたりしたら、ぜひ自分に向かって「人を致して、人に致されず」と言ってみてください。それだけでも、振り回されている自分を立て直すことができます。

「虚実篇」では、自分が主導権を握るために必要な「虚虚実実の駆け引き」について展開しています。

「虚実」には二つの意味があって、一つは「空虚」と「充実」。「あるように見せておいて、実はない」「ないように見せておいて実はある」と見せて相手を翻弄することを意味します。

もう一つは「虚偽」と「真実」で、「真実のように見せかけて、実はウソ」「ウソのように見せかけて実は真実」といった具合に、敵の裏をかく戦法を意味します。

かなりの知恵が必要ですが、本編ではそこを学んでいきましょう。

36 競争相手の少ない分野を狙う

攻めて必ず取るは、其の守らざる所を攻むればなり。
守りて必ず固きは、其の攻めざる所を守ればなり。

超訳

競争相手がいない、いても強敵ではない、というような市場に打って出れば、たやすくその市場を独占できる。

「敵の守りの薄いところを攻めれば勝てる。敵が攻めてこられないように守りを固めれば、負けることはない」――孫子はそんな当たり前のことを言い、敵の隙や弱みをつくのが攻撃の鉄則であり、敵に隙も弱みも見せないことが守りの鉄則であるとしています。これをビジネスに当てはめると、どういうことになるでしょうか。

一言で言えば、**「いわゆるニッチな市場で勝負しろ」**と読めます。

ニッチな市場とは、そこで勝負しようとは誰も思わない分野。儲からない、乗り越えなければならない困難がたくさんある、とにかく面倒な仕事ばかりでやる気になれない、あるいはそこにニーズがあるとは誰も気づかない、そういった市場です。

ようするに、そんなところに打って出るライバルがほとんどいないから、うまくやれば間違いなくナンバーワンになれる、ということです。

実際、この論理の下、誰もやろうとしないことをやって、そのニッチな市場で大きなニーズを掘り起こし、ビジネスを成功させたケースはごまんとあります。

そういう市場を見つけるコツは、まず常識を疑ってみること。

たとえばペットボトルの水やお茶だって、かつては「ニーズがない」と言われていました。タダ同然で手に入るものに、わざわざ高いお金を払う人はいない。当時の人たちはそう考えていたのです。しかし、現実にはニーズがあった。ですから、いまでは「なくてはならないもの」になっています。

もちろん、ここまで市場が大きくなると、まさに「にっちもさっちもいかない」という状況。でも、市場がないときに乗り出せば、先行者利益を独り占めできるではないですか。ビジネスでは多くの場合、誰もが儲かると思う分野に、大勢が進出しています。そんな「分け前にあずかる」ようなやり方では、とても一人勝ちは望めません。わざわざ大変な競争を自らに課すようなものだからです。

37 能力を「分散」してはならない

我専まりて一と為り、敵分かれて十と為らば、是十を以て其の一を攻むるなり。

超訳

競争の少ない地味な分野で、独自の能力を磨きなさい。一点集中主義でいけば、際立った存在になれる。

経営ではよく「選択と集中」が大事だと言われます。たとえば「ここなら勝てる」という分野を決め、そこにヒト・モノ・カネという経営資源の八割を注ぐ。そのうえで、あと二割の力を均等配分して、他の分野に投下する。そういう経営戦略を持て、ということです。

それはなぜか。いろんな分野の力を総花的に強化しても、総合力は上がるでしょうが、突出して強い分野をつくることができません。どの分野もボチボチで、ライバルたちに食われることは目に見えているからです。

それより「ここなら勝てる」という得意分野、もしくはライバルの少ない分野を選択して、そこを集中して強化することで、独自性の高い際立った経営を目指したほうがいい、ということです。

孫子のこの言葉はそれに似ています。個人で言えば、ほかの人があまり強くしたいと思わないような能力に磨きをかけ、達人がうようよしている分野の能力はそこそこでいい、とする考え方ですね。

たとえば、いまや英語はできて当たり前。でも、英語力はあったほうがいいので、ビジネス会話くらいはできるようにしておく。それが二割の力だとしたら、残る八割の力をヒンディー語の習得に注ぐ。

これからはアジアの時代で、インド市場は成長著しいと目されていますが、いまのところはまだヒンディー語を自在に駆使できる人は少ないですよね。そういうところを狙って、集中的に自分の能力の増強を図るわけです。

ようするに能力の「集中と分散」。**ビジネスに必要な能力を慎重に見極めて、達人・強豪の多い分野では戦わず、ライバルの少ない分野で一人勝ちをおさめる。**それがナンバーワンへの近道なのです。

38 「ワンパターン」の恐ろしさを知る

兵を形するの極は、無形に至る。

超訳

最初は形から入るが、いつまでも形を追っているようでは進歩がない。形を身につけたら見せないで、自由自在を心がけなさい。

一つの仕事に習熟すると、型のようなものができて、新しいことに挑戦したり、いままでのやり方を変えていったりすることができにくくなります。パターン化してしまうんです。

それは悪いとばかりは言えませんが、自分自身の成長がストップしてしまいますし、ライバルから見ればこちらの手の内がミエミエですから、つけ入る隙を与えて足元をすくわれてしまう恐れもあります。

組織も同じ。いったんでき上がると組織図ばかりにこだわって、機動力が低下してしまうようなケースがよく見られます。

代表的なもので言うと、朝礼や会議など。形式的なことばかりを重視していると、やがて内容のないものになり、やる意味がなくなってしまいます。

武道や日本舞踊などの伝統的なものは形から入ります。型をいく通りも、何回も何回も反復練習して習得します。そして身についたと思ったら、今度はいかに型から離れるかが求められるようになる。

つまり**臨機応変に、型のバリエーションが繰り出せるかが勝負**となります。自分自身と型が一体化して自由自在になり、即座に多様な技となって表現されます。

この「無形」の精神と技こそが到達点なのだということを忘れずに、人生を送ることが大切です。

これこそが自分を達人・名人にするコツですから、若いときからこれを目指して欲しいのです。

39 相手の「本心」を徹底的に引き出す

夫れ兵の形は水に象る。

超訳

水はどんなところにもスーッと入っていく。地形によって、形を無限に変えることができるからだ。人間もこのような柔軟性を持ち、人の懐深くに入り込んでいくのがよい。そのためには聞き上手になることが肝要だ。

孫子はこの言葉を通して、自分が無になることの大切さを説いています。

たとえばセールスなど、相手を説得しなければならない場で、自分の形から入っていくとうまくいきません。「とにかく私の話を聞いてください」とばかり、延々と自分の言い分をまくし立てるやり方が、まさにそれ。

このやり方でいくと、自分の形を相手に押し付けることになりますから、それを受け入れる形の器を持たない相手のなかに入っていくことはできないのです。

だから、**最初は自分を無にして、相手の話を聞き出すことから始めたほうがいい。**

「最近、調子はどうですか？」

「何かお困りのことはありませんか？」

「とてもいい仕事をしておられますね。何かとっておきの秘訣があるんですか？」

「今後はこういう方向にいくんでしょうかね」

など、いろんな方向から質問するのです。


自分に興味を持ってくれる相手には、誰しも心を開くものです。質問を重ねるにつれ、相手の舌がどんどん滑らかになって、成功談やら失敗談、相談事など、いろんな話が聞き出せるはずです。そうなれば、相手の心のなかにスッと入り込めます。あとは話題を自分の意図する方向へと誘導しながら、ころ合いを見計らって「実は……」と本題に入っていけばいいのです。

自分が無になることで、相手は心を開きます。結果、「よし、あなたの話も聞こうじゃないか」と、聞く耳を持ってくれるようになるのです。卓越したセールスや交渉、説得は、売り込まないで相手の要望を聞き出すことなのです。

人相手の仕事のときはとくに、自分自身に「水になれ。無になれ」と語りかけるのがいいんじゃないかと思いますね。

40 「水面下の動き」も察知せよ

水の形は高きを避けて下きに趨き、
兵の形は実を避けて虚を撃つ。
水は地に因りて流を制し、
兵は敵に因りて勝を制す。

超訳

四方八方に気を巡らし、いつ何時、何事が起きても対応できるよう、心の準備をしておかなくてはならない。包括的直観力を養うことがポイントである。

仕事も人生も「見えないもの」に左右されることが多いもの。「まさかこんな事態になろうとは」「まさかこんな人事があろうとは」「まさかあの人があんな行動に出ようとは」など、「まさか」「まさか」の連続です。

しかし、「まさか」の多い人は周囲への目配りが足りなかったと反省すべき。

たとえば、私のところへも「まさか自分が抜擢されるとは思わなかった」と、嬉しそうに昇進の報告に来る人がいます。そういうとき、私は決まってこう言うんです。「まさかって言うけど、君、その人事は君の知らないところで進んでいたんじゃあないの？　今日突然、決まったわけじゃないでしょ」

暗に、私は「水面下の動きも察知できないようではダメだよ」と諭しているのです。

現代人はどうも「包括的直観力」が鈍っているような気がしてなりません。物事の見方や観察が一面的になっていて、目の前に見えるもの、あるいは見たいものだけしか見えていないと思うのです。

そんなふうでは人はみんな、愚鈍になってしまいます。**肩の力を抜き、首の筋肉を柔らかくして、常に遠くから四方八方の状況に気を巡らす。自分にとって有利・不利に関係なく、取れるだけの情報を取る。**

それによって、どんなことが起こりうるかをさまざまに仮定し、何事にも対応できるだけの準備をしておく。つまり、「包括的直観力による仮説の設定に基づいて、先手先手で対応策を打つ」ことが重要なのです。

41 自分は「不死身」だと思え

五行(ごぎょう)に常勝(じょうしょう)無く、四時(しいじ)に常位(じょうい)無く、日に短長(たんちょう)有り、月に死生(しせい)有り。

一角の人物は生命力の塊である。自分は不死身だと思っているから、死の影がこれっぽっちも感じられない。いくつになってもバイタリティを失ってはいけない。

超訳

「五行、つまり水・火・金・木・土という五つの気は、相克しながら循環する。四季も日月も変化しながら巡っている」

孫子はそんな自然の営みにたとえて、人生を間断なく回していくことが重要だと説いています。ようするに「不死身であれ」と。

富士山は「不死山」と書き表わされた時代がありました。富士山のバイタリティあふれる姿を見て、「死なない山」だと感じた。そういう日本人の感性はすばらしいと思いますね。

人間だって同じです。相当な高齢でも「この人、ひょっとしたら死なないんじゃないか」と思えるくらい、バイタリティにあふれた人がいます。

そんな**「生命力の塊」のような人間になりなさい**、と孫子は言っているのです。

その意味では、年齢を重ねるごとにガンコになっていく、なんていうのはいけません。確固たる芯を持ち、だからこそ柔軟に考え行動する人間でなければ、生命力がどんどん衰えてしまうのです。

まずは「自分は不死身である」と思いなさい。そうすれば、死なずに元気に生きていくためには、時代や状況によって自分が柔軟に変化していくことが必要だとわかります。それが生きるバイタリティを生み出すのです。

第七講

「軍争篇」

頭を使った、「急がば回れ」の目標達成法

42 あらゆる手を使って「結果」を出す

軍争の難きは、迂を以て直と為し、患を以て利と為せばなり。

超訳

行く手に困難が待ち受けていたら、そこを迂回してもよい。ただしその不利を有利に転じる戦略を練り、あたかもまっすぐに進んだかのように、誰よりも早くゴールに達しなければならない。これを「迂直の計」と言う。

「戦略とは何か」の答えはこの一文にある、と私は考えます。ようするに「不利を有利に転じる」ことなのです。

孫子の言う「迂直の計」というのは、ちょっとわかりにくいかもしれません。

そこをご理解いただくために、まずは実際の戦争の「これぞ迂直の計」と言える例として、まず一五六〇年に織田信長と今川義元が繰り広げた尾張国桶狭間の戦いについて、検証してみましょう。

◎信長の鮮やかな逆転劇に見る五つのポイント

戦いはどこからどう見ても、織田軍に不利でした。その不利を、信長はどう有利に転じたのか。ポイントが五つあります。

一つは、三十人の間者を放っての情報収集。今川軍が駿府を出るところからずーっと様子を探らせたのです。その結果わかったのは、今川軍はもう勝った気になって油断しているということ。信長はこのときすでに、勝ちを確信したようです。

二つ目は、兵士のやる気を高めたこと。出陣の身支度を整えて、熱田神宮で戦勝祈願を行ないました。そのとき、神殿の奥から鈴の音が響きました。まぁ、信長の〝仕込み〟でしょうね。兵士たちは「神が信長様の祈りに応えた」と盛り上がり、「絶対に勝つ」という思いを強くした。組織が勝つという目標に向かって一つになったわけです。

三つ目は、敵を骨抜きにしたこと。今川軍が田楽狭間で昼食をとるというので、おそらく信長は周辺の村の実力者か何かに陣中見舞と称して酒を持って行かせたのでしょう。今川軍は「せっかくだから一杯」となり、やがて酒宴を張ったと伝えられています。一説では、沿道でふるまい酒をしたとも言われていますが、いずれにしても今川軍はただの〝酔っ払い集団〟に落ちてしまいました。これでは戦うどころではありませんね。

四つ目は、地形を味方につけたこと。

信長は田楽狭間を眼下に望むところに陣取り、攻撃のタイミングを計りました。そのときです、空が一転かき曇り、激しい雨が降ったのは。そうでなくてもだらけ切っていた今川軍は、何も考えられずにその場で立ち往生。そこを信長は一気に急襲しました。しかも桶狭間は、一人縦隊で歩くのがやっとの狭い道ですから、今川軍はせっかくの大きな戦力を使えなかったのです。

そして五つ目のポイントは、大将である義元の首を狙ったこと。

今川軍は義元の〝ワンマン部隊〟ですから、大将の首さえあげれば、全軍は総崩れです。ワンマン組織にありがちな「トップがこけたら、みなこける」という図式を、信長は利用したと言えるでしょう。

◎ビジネス・人生における「迂直の計」とは

以上、信長が講じた策を参考にして、ビジネス・人生の場でも、信長・義元双方の立場から戦略を立ててみるといいでしょう。

私から一つ提案しておくと、場所・時・テーマを自分の有利になるように設定する、という戦略があります。

たとえば交渉事やトラブルの話し合いなどで困難が予測されるときは、場所を自分の事務所や自宅にする。スポーツでもそうですが、アウェイよりホームのほうがリラックスして事に臨めるからです。

また時間については、自分が準備不足なら約束を一週間遅らせるとか、逆に向こうが準備不足なら一週間早める、といった策を講じるといいでしょう。その日時でないと、どうしても都合がつかないことを、相手に納得させたうえで。場合によっては、ドタキャンもアリです。

さらにテーマについては、微妙に論点をずらすという手もあります。たとえば、手違いから入金が遅れて、相手に責められるような金銭トラブルが生じたとき。こちらのミスを認めたうえで、

「いままで遅れたことはないじゃないか。たった一度のミスも許してもらえないなんて、あなたの心が狭すぎるんじゃないのか」

と倫理的な問題にすり替える、というふうにして。

いずれにせよ、ゴールは自分の思い通りに事を決着させることですから、「仁義にもとる行為」とされない範囲で、あの手この手の策を弄してみてください。

43 「ムリ」を重ねると「不利」になる

軍を挙げて利を争えば、則ち及ばず。

何が何でも誰よりも早くゴールに到達しようとムリを重ねると、結果的に体力の消耗が激しく、うまくいかないことが多い。そんなふうに、ムリを重ねて不利にならないよう、注意が必要である。

超訳

軍隊が戦場に進軍しようとするとき、一番乗りで到着するのが有利だからといって、なりふりかまわずに先を急いだら、どうなるでしょうか。

装備を可能な限り軽くせねばと、食料や兵士の各種装備、武器弾薬などを積んだ輸送部隊を後方に取り残すことになります。それだけ兵士の装備が不足することになります。しかも夜を日に継いで走る強行軍ですから、兵士たちは体力をかなり消耗します。場合によっては、どんどん脱落者が出て、戦場に到着したときには戦力がガクンと落ちるかもしれません。

有利になろうとする余り、逆に不利になることがあるのだから、ムリを重ねてはいけない。そう孫子は言っているのです。

これはそのままビジネスマンの仕事の仕方に対する貴重なアドバイスになります。たとえば早く仕事を仕上げようと、徹夜に徹夜を重ねたら、仕事の能率も質も落ちて、結果的にいい仕事はできません。

また価格競争に陥って、ムリして自社商品の値段を下げていったら、自社の得られる利益がどんどん減ります。それによって会社は体力を奪われ、結果的に経営状態を悪化させることになるかもしれません。

たくさんの製品を生産しようと、機械をムリにキャパ以上に稼働させたら、結果的に機械が壊れて、生産能力が落ちます。

こんなふうに、目先の有利なことばかり考えてムリを重ねると、ろくなことにはなりません。ムリを重ねずに力を温存することもまた「迂直の計」と言えるでしょう。

44 「専門家」の知恵を活用する

郷導（きょうどう）を用（もち）いざれば、地の利（り）を得ること能（あた）わず。

超訳

自分の能力でできることは限られている。不案内な分野のことは専門家を活用したほうがよい。

険しい山道を行くとき、ガイドさんに道案内をお願いします。その山に不案内な者ばかりだと、危険なところに足を踏み入れたり、道に迷ったりして、目的地に到達するのが難しいからです。

だから仕事でも何でも、一人で抱えこむのは考えもの。自力で事を成し遂げたい気持ちはわかりますが、不得意な、あるいはまったく知らない分野の仕事を、一から勉強してやるのでは時間がかかりすぎます。大した成果も望めないでしょう。

それよりは、その分野に精通した専門家に依頼したほうがいい。仕事にかかる時間や労力が節約できるし、成果も上がります。

スケールが大きく、高度な仕事をやってのける人というのは、さまざまな分野の専門家を使いこなしているものです。仕事の質と量、スケールは、そういった専門家をどれだけ活用するかにかかっていると言っても過言ではないでしょう。

またプライベートでも、たとえば初めて歌舞伎を鑑賞するようなとき、歌舞伎のことをよく知っている人といっしょに行くとか、豊富な知識・経験を持つ人に案内人になってもらうことをお勧めします。

そのほうが理解が深まるし、その分野の知識を習熟させるプロセスをカットできます。趣味の世界をぐっと広げることができるんです。

公私ともども、多彩な分野の専門家と交流してネットワークをつくっておくことが、人生を豊かにすることにつながるのです。

45 「やるときはやる人」と見せつける

其の疾きこと風の如く、其の徐かなること林の如く、侵掠すること火の如く、動かざること山の如く、知り難きこと陰の如く、動くこと雷震の如し。

超訳

進むときは風のように速く、機を待つときは林のように静かに、攻めるときは火が燃え広がるように急激に、じっとしているときは山のようにどっしりと、自分自身は暗闇のなかにいるように気配を消し、動くときは雷鳴が轟くようにドーッと……といった具合に、行動にはメリハリをつけることが肝要である。

これは、武田信玄が旗指物に記した「風林火山」という有名な言葉の原典です。ここに続く部分はあまり知られていませんが、孫子は、「暗闇に紛れるように身を隠し、雷鳴が轟くようにドーッと動き、戦地に食料を求めて兵士に分けてやり、土地を奪って利益を分け合い、権謀を巡らせながら動きなさい」と言っています。

ようするに中途半端はダメだ、一つひとつの行動に全力で取り組まないといけない、ということです。

私たちの日常も、仕事をするときは脇目もふらずに仕事をする、遊ぶときはとことん遊ぶ、食事をするときは一生懸命食べる、寝るときはぐっすり眠る、怒るときは烈火のごとく怒る、つらいときはがんばって耐える……こういった具合に、行動にメリハリをつけることが大切です。

これが習慣になると、エネルギーを十分に蓄えて、集中力と瞬発力をきかせて事に臨むことができます。

しかも、**行動にギャップがあると、それが人間的な魅力になるし、周囲を翻弄して自分のペースに巻き込むことが可能**なのです。

周囲は「ふだんはおっとりしているのに、仕事を始めたら別人のような切れ者になる」とか「どっしりと落ち着いているけれど、いざとなるとすごく機敏に動くなぁ」などと感じ、そのメリハリのある行動に「やるときはやる人だ」と心服するわけです。

日常の行動にぜひ「風林火山」を取り入れてください。

46 「仲間意識」を高める効果的な方法

金鼓・旌旗は、人の耳目を一にす。

超訳

戦場では鐘や太鼓、旗や幟を、兵士たちの耳目を統一するために使う。現代で仲間意識を高めようとするなら、共通のものを身につけたり、携帯したりするとよい。

戦場の喧騒のなかでは、仲間の声も聞こえないし、敵・味方の姿を見分けるのも困難です。そこで古くから、戦場では鐘や太鼓、旗や幟を使って軍隊を統率しました。

たとえば「ドーンと太鼓が鳴ったら退却、ドンドンドンドンドンと鳴っているときは攻めろ」といった取り決めをしたり、旗指物で味方の所在を示したり。そうやって軍隊を統率することで、兵士たちが勝手に進んだり、敵前逃亡をしたりするのを防いだのです。また夜戦では松明をつけた太鼓を、昼間の戦いでは旗指物をたくさん使って、こちらが大軍であるかのように見せかけるというような策もよく使われました。

これを現代に当てはめると、チームのみんなでユニフォームを着るとか、ジャケットやTシャツ、ハチマキ、バッジなど、共通の小道具を身につける、といったことですね。

みなさんにも経験があると思いますが、これをやるとチームの心が一つになるのです。

子どものころの運動会を思い出してください。紅白に分かれて戦うとき、自分が紅組だとして、赤いハチマキをしめた瞬間に、同じ赤いハチマキの人たちを「ともに戦う仲間」と認識しましたよね？　それまで友だちでも顔見知りでもなかった人たちとだって、仲間意識をもって一致団結するものです。

単純なことながら、これは仲間意識を高めるためには非常に効果的な手法。服やモノだけではなく、キャッチフレーズやロゴマークなどをつくってもいい。同じ目標に向かう士気を高めることができます。

みんなで力を合わせて事に当たるときには、何か共通のものを持つことが非常に重要なのです。

47 朝・昼・夕で働き方を変えてみる

朝気(ちょうき)は鋭く、昼気(ちゅうき)は惰(おこた)り、暮気(ぼき)は帰る。

超訳

午前中は気力が漲(みなぎ)っている。昼間になると、その気力は萎え始める。夕方ともなれば、気力が尽きて、早く家に帰りたくなるものだ。そういった気力の特性を利用して、仕事をするとよい。

仕事の能率は午前中に最も高まる、とはよく言われることです。前の晩の過ごし方にもよりますが、たいていは睡眠で前日の疲れが解消され、朝は心身ともに元気いっぱいです。

ということは、**重要な仕事は午前中にやったほうがいい。**

たとえば早朝の勉強会に参加して知識・スキルを磨く、大事な会議を朝イチでやる、企画書を書いたり、アイデアを出したりするような頭を使う仕事は午前中にこなす、といった具合に。気力が充実している午前中を、単純作業や雑用などの頭を使わない仕事に当てるのはもったいないのです。

また、午後は、昼食をとった後はとくに、だらーっとしてしまいがちなので、体を使う仕事がいい。外に出かけて現場を見て歩くとか、PCに向かってリズミカルにキーを叩いてデータを打ちこむとか。

さらに夕方になると、いい加減疲れてしまって、「早く家に帰りたいなぁ」「一杯飲みたいなぁ」といった気持ちになってくるものです。

そういうときを狙って、交渉事・折衝事に乗り出すのも一つの方法です。相手は疲れている分、「君の言う通りにしよう。早く切り上げて、帰りたいよ」と、こちらの言い分をすんなり受け入れてくれる可能性が高くなります。

もちろん、その場合、こちらは夕方までスローペースで仕事をするなどして、余力をもって臨む必要がありますが。

このように朝・昼・夕で異なる気力を利用して、仕事のスケジュールを決めてみてはいかがでしょうか。仕事の効率と質がぐんと上がるはずです。

48 相手を「袋小路」に追い詰めない

帰師は遏むる勿かれ、師を囲めば必ず闕き、窮寇には迫る勿かれ。

超訳

人を完膚なきまでにやっつけると、いつか手ひどいしっぺ返しを食らう。追い詰めるにしても、どこかに逃げ道を用意してやることが必要だ。

「軍争篇」の最後に、孫子は「やってはいけないこと」を八項目掲げています。

たとえば高地に布陣した敵、丘を背にしている敵など、地理的に有利な状態にある敵、戦意旺盛な敵とは戦ってはいけないとしています。状況的に自分のほうが不利なら、争うべきではない、ということです。

また、敵は逃げると見せかけたり、おとりを仕向けてきたりする場合もあるので、そうと見破って深追いするな、とも言っています。目先の利益に飛びつくな、と戒めているわけです。それぞれ含蓄のある言葉ですが、とりわけ、この項目の七〜八に相当する部分は人間関係に当てはめて応用できます。

直訳すると、

「もう帰ろうとしている敵の前に立ちはだかってはいけない」

「敵を包囲しても逃げ道を開けておかなくてはいけない」

「窮地に追い込んだ敵を攻撃してはいけない」

ということを意味します。

人づき合いにおいては、しばしば口論になって相手の非をあげつらったり、ミスをした人を執拗に責め立てたり、不運続きで落ち込んでいる人にさらに打撃を与えたり、相手は悪いことをしたと謝っているのになおも土下座を強いたりするようなことが起こります。自分が正しくとも、強くとも、そこまで人を追い詰めてはいけません。

なぜなら「窮鼠、猫を嚙む」と言われるように、窮地に追い詰めたその相手から猛反撃を受ける恐れがあるからです。怨みをエネルギーにした怒りほど、すさまじいものはありません。

わざわざそんなトラブルを招くより、どこかに逃げ道を用意してあげたほうがいい。

それを恩義に感じた相手は、後々こちらの力になってくれるかもしれません。

第八講

「九変篇」

いつ、何が起きても「動じない人」になる極意

49 常に「身軽」でいる

圯地には舎る無く、衢地には交わり合い、絶地には留まる無く、囲地には則ち謀り、死地には則ち戦う。

超訳

状況によって、やってはならないことがある。たとえば海外に打って出るようなときは、その地に根を張ってはいけない。地球を住処と捉え、常に身軽に動きなさい。

◎五つのタブー

ここで孫子は、戦場の状況に応じて、やってはいけないことを五つ挙げています。まず、それらを超訳をまじえて解釈しておきましょう。

①圯地、行軍の困難なところには軍を駐屯させてはいけない。

人生においても、先に多くの困難が予想されるときは、じっくり腰を据えて策を練るよりも、とにかく困難から抜け出すことを考えたほうがいい、ということです。

②衢地、背後に大きな後ろ盾のある国とは戦ってはいけない。

外交交渉で仲良くなりなさい。「権力と戦う」と言うと、勇敢でいいように感じるかもしれませんが、それは無謀というもの。あえて権威者や長老を敵に回す必要はありません。親密な関係を構築するための交渉に乗り出すのも勇気の内です。

③絶地、敵国の領内に深く侵攻したときは、長く留まってはいけない。

たとえば海外に打って出ても、その地に根を下ろしてしまうと、しだいに身動きがとりづらくなります。それでは何か問題が起きたときに困ります。いつでも自国もしくはよその場所に移動できるよう身軽でいるのが一番なのです。

④囲地、敵に囲まれて身動きがとれないときは、巧みな戦略を用いなければいけない。

いわゆる四面楚歌の状態。こういうときは周囲が思いもよらない奇策を講じて、そこから脱出するしかありません。

⑤死地、絶体絶命の危機に陥ったら、必ず勝つという信念をもって戦うしかない。

私たちはよく「必死にやる」というような言い方をしますが、「必死」は絶対にいけません。漢字で「必ず死ぬ」と書くでしょう？　それでは死ぬのを承知で、がむしゃらに行動するようなもの。

どんなピンチにあっても「必勝」、必ず勝つ、生き抜く精神をみなぎらせて、しかも冷静に行動することが大切なのです。

◎華僑の教え

これら五原則のなかでも注目したいのは、③の絶地における戦略です。世はグローバル時代、海外に打って出る機会はますます増えるでしょうから。

非常に参考になる例として、私が若いころに華僑（かきょう）のおばあさんから教えられたことを紹介します。

それは、大ケガをしてタイの病院に入院していたときのこと。隣りの病室にいたそのおばあさんは、香港からタイに渡って来て、大成功した凄腕の女性実業家。彼女は、「日本の会社を見ていて、とても不思議なことがある」と言うんです。以下が彼女の話。

「故郷の香港で成功して、タイにビジネスを拡大することにしてね。香港には社員を一人だけ残して、全員をバンコクに引き連れてきたんだよ。なぜだと思う？　香港はもう軌道に乗ったから心配ないけど、バンコクは新しい、慣れない場所だろ？　みんなで一丸となって全力投球でやらなくちゃならないんだ。まず勢いをつけないとね。次にシンガポールに進出するときも同じ方法でいくよ。バンコクに一人だけ社員を残して、ほかのみんなで乗り込むんだよ。

ところが日本の企業は、まったく逆の戦略をとるんだ。大多数の社員を日本に残したまま、パラパラと数人がタイに乗り込んでくるだけだ。それじゃあうまくいかないだろうなと思って見てたけど、案の定、悪戦苦闘してるよね。

あと、私たち華僑は地球上が住処だと考えてるんだ。だから財産は全部、トランク一つに納まるようにしてる。移動可能な財産形成をするのが華僑の戦略だね。だから土地とか家なんか買わないよ。身軽に地球上を転々とするのさ」

私は感心しきりでした。いまにして思うと、その華僑のおばあさんはグローバリゼーションの先駆者であり、孫子の「絶地」を地でいく人だったんだなぁという感じです。みなさんも「絶地」における行動の参考にしてください。

50 何事も「現場重視」で判断せよ

塗も由らざる所有り、軍も撃たざる所有り、
城も攻めざる所有り、地も争わざる所有り、
君命も受けざる所有り。

超訳

攻撃においては、ただ**突っ込め**ばいいというものではない。**通**らないほうがいい**道**もあれば、**撃**たないほうがいい軍、攻めないほうがいい城、**争奪**しないほうがいい**場所**、**従**わないほうがいい**君命**もある。ひとえに**現場**の**判断**を**重視**しなさい。

ここで孫子が言っているのは「判断は現場に任せなさい」ということです。

行軍の過程で、たとえば「この道は思ったより難所だ。別の道を行こう」とか、「この城は予想以上に攻略しづらい。とりあえず素通りして、戦力と時間の浪費を避けよう」「この土地は意外にも不毛だ。奪っても利益はないから、やめておこう」と

いった具合に、現場の状況に応じた判断をしなくてはなりません。

もっと重要なのは、現場の判断に対して、そこにいない権力者が「何が何でも予定通りにやれ」と命令をしてきたとき、現場の長はそれを拒絶していい、としている点です。荀子に「逆命して君を利す、これを忠と謂う」という言葉があるように、自国の利益のためなら、君主の命令に逆らう勇気のある将軍こそが、優れたリーダーなのです。

これはそのまま、ビジネスや人生に当てはまります。仕事でも日常でも、ハプニングはつきもの。そのハプニングはいつだって現場で起きます。だから現場にいない人には、的確な判断が下せないのです。

何につけ、目的はより良い結果を出すこと。

上の者が何と言おうと、現場にいる人間は「現場判断でこうします。そのほうがこれだけの利益が出るんです」と説得できなければいけません。「命令に背いたら、上司の逆鱗に触れる」などと恐れる必要はないのです。

51 いいことも、悪いことも、いつかは終わる

智者の慮は、必ず利害を雑う。

物事は利害の両面から考えなければならない。利益を求めるときは、損失の面も考慮する。損失を受けたときは、どんな利益があったかを考える。そうすれば事はうまく運ぶし、いたずらに落胆することもなくなる。

超訳

基本は「陰陽論」。中国古典思想には「陰陽和して元となす」とする考え方があるのです。

「陰」は内へ内へと入って来る働きで、求心力、内部充実、革新的な性質のもの。一方、「陽」には外へ外へと拡大していく働きがあって、遠心力、拡大発展的な性質を意味します。その陰陽の二つがバランスよく交じりあっている状態を最善としているのです。

また「陰極まれば陽となり、陽極まれば陰となる」とも言われます。陰の働きが大

きくなると陽に転じ、陽の働きが過剰になると陰に転じるというふうに、**見えない力が常に陰陽のバランスをとっている**とされます。「人間万事、塞翁が馬」とか「禍福はあざなえる縄の如し」といった名言は、陰陽論に由来すると言ってもいいでしょう。

これがわかっていると、自分で人生のバランスをとることが可能になります。

たとえば儲かってしょうがないときも、「どこかに損をする落とし穴があるはずだ」と考えられるので、慎重に事を運べます。逆に、ついていないことばかりでも、「そのうちいいときがやって来る。実際、ついていないなかで学んだことも多いじゃないか」と思えるので、逆境にあっても常に前を向いて進んでいけます。

人間というのは、利益があるともっともっとと貪欲になるし、不運・不幸ばかり続くと「もうダメだ」と悲観的になるものです。いずれにせよ、事態はまずい方向に向かっているわけで、心が落ち着く暇もないでしょう。

そうならないように、どんな状況のときも常に自分に「智者の慮は、必ず利害を雑う」と問いかけてください。物事を利害の両面から考えて、いたずらに舞い上がることも、落ち込むこともなく、冷静に行動できるようになるはずです。

52 「来るなら来い」とドンと構える

其の来らざるを恃むこと無く、
吾が以て待つ有るを恃むなり。
其の攻めざるを恃むこと無く、
吾が攻む可からざる所有るを恃むなり。

超訳

「困難が降りかかってきませんように」「イヤなことが**来**ませんように」な**ど**と**神頼み**するのは、**愚**かなことである。「**来るなら来**い！　いつでも**来**い！」とドンと**構**えていられるように、**自分を強**くすることを**頼**みにしなさい。

「六十歳からは本当に愉快な人生になるよ。二十代から五十代までの困難や苦労は、そういう愉快な人生を手に入れるためにあるようなものなんだよ。
だから困難様々、苦労様々だよ。『来るなら来い！』と待ち受けているくらいじゃなきゃダメだよ」

私は常々、そう言っています。

だいたい悪い予感は当たるもので、「来ないでくれ、来ないでくれ」と願っていると、逆に来るものなのです。あるいは「来るな、来るな」と願う余り、「きっと来ないよ」と根拠のない確信に囚われる場合もあるでしょう。そんなご都合主義のシナリオ通りに事が運ぶわけはなく、結局は困難に見舞われてしまうことが多いのです。

試しに、「来るなら来い！」と言ってごらんなさい。本当に困難や苦労がやって来ても、喜んで受け入れることができるはずです。なぜなら「来い！」と心待ちにしていたのですから。そういう気持ちになれるだけでも、「困難よ、来るなら来い！」とドンと構えていることは大切なのです。

私も「こうなったらイヤだな」と思うことがあると、大きな声で三十回、「来るなら来い！」と叫ぶようにしています。それで、しまいには困難や苦労を心待ちにするようになったくらいです。

もちろん孫子が言うように、「いつでも来い！」とドンと構えていられるよう、自分を強くすることも必要です。それは、前に述べた「負けない自分をつくる」ということにほかならないのです。実力をつけることを第一義としましょう。

53「強みが弱みに変わる」五つのパターン

将に五危あり。必死は殺す可く、必生は虜とす可く、忿速は侮る可く、廉潔は辱む可く、愛民は煩わす可し。

超訳

必死の覚悟も過ぎれば思考力が鈍る。必ず生き残るという思いも過ぎれば臆病になる。旺盛な闘争心も過ぎれば冷静さを失う。愛情も過ぎれば判断を誤る。優れた資質を持っていても、偏重すると弱みになることを覚えておきなさい。

人間の資質には、そう大きな優劣の差はありません。問題は、強みとされる資質でも、ある一方向にのみ凝り固まること。「過ぎたるはなお及ばざるが如し」で、強みも過ぎれば弱点になってしまうのです。

孫子はここで、ダメ将軍になってしまう五つの危険をあげていて、ふつうはリーダーシップ論として読まれます。

でも、この「五危」は、リーダーならずとも当てはまるもの。一つひとつを見ていきましょう。

第一は**「必死」**。

前にも出てきましたね？　がんばること自体はすばらしいのですが、それが「死ぬ気で」というところまでいくと、どうしても思考力が鈍ります。威勢のいい言葉をわめき散らしたり、前後の見境なく無謀な行動に出たりするなど、「当たって砕けろ」的な行動に終始してしまうからです。

第二は**「必生」**。

「絶対に目標を達成する」などと気合を入れることとは大切ながら、これも過ぎれば手段を選ばず突進するというようなことになりかねません。あるいは達成への思いが強すぎて、失敗するわけにはいかないと臆病になる場合もあるでしょう。いずれにせよ、「人間としてどうなの？」と疑われる行動に走ってしまうのです。

第三は**「忿速」**。

闘争心むき出しで、しょっちゅう怒鳴り散らしているような人がいますね？　そんな闘争心も、ここぞのときに発揮されるならいいのですが、そればかりだと冷静な判断ができなくなってしまいます。それに挑発に乗せられやすく、すぐに頭にカッと血が上って無分別な行動に走り、まんまとはめられる恐れもあります。

第四は**「廉潔」**。

常に清廉潔白であることは立派ですが、これも行きすぎると、非常に生きにくくなってしまいます。「かくあるべし」ときれいごとばかり並べて、融通のきかない堅物になるのがオチ。「清濁併せのむ」くらいの図太さがあったほうがいいのです。

第五は**「愛民」**。

たとえば子どもに愛情を注ぐ、部下に愛情を持って接する。そういったこと自体はすばらしい。ただ愛情をかけすぎると、その人間を甘やかしてダメにしてしまう恐れがあります。また自分自身の目も愛情で曇り、物事を客観的に判断できなくなるかもしれません。

以上五つが、孫子の言う「自分にとって強みとなる優れた資質が、そればかりを偏重すると弱点になる」パターン。孫子らしい深い洞察と言えるでしょう。長所は短所の、短所は長所の裏返し。強みは弱みの、弱みは強みの裏返し。ですから、正反対の二つの資質をバランスよく備えていることが大切です。

これもまた「陰陽和して元となす」という考え方の延長線上にあるもの。「深情けが仇になった」「闘争心が裏目に出た」「プライドの高さで自分の首を絞めてしまった」といったことがないよう、行きすぎを自戒してください。

第九講

「行軍篇」

勝者と敗者を分ける「人生行路の歩き方」

54 人生、より高きを目指せ

凡そ軍を処き敵を相するに、
山を絶れば谷に依る。
生を観て高きに処る。

超訳

上昇気流に乗っているときも有頂天にならず、どん底の時代を思い出しなさい。どこまで上っても、そこは人生の通過点。決してゴールに到達したと思ってはいけない。

「行軍篇」の冒頭で、孫子は山岳地帯と河川地域、湿地帯、平地と、地形に応じた四つの戦法について述べています。

これを「人生行路」として読むと、また違ったおもしろさがあります。一つひとつ、見ていきましょう。

最初に出てくる山岳地帯は、人生がいわば上昇気流にあるとき。孫子が「山を登るときは谷沿いを進め」と言っているのは、「どん底にいたときのことを忘れるなよ」ということです。

人生においても上り調子だと、ちょっといい気になります。そのときに慢心しないよう、「初心を忘れるな」としているのです。

また高所に達すると、つい一息ついて「いやぁ、がんばったなぁ」と安心し、歩みを止めてしまいがちです。そういうときも自分はまだ人生半ば、修業中の身であることを思い出し、さらに上を目指さなくてはいけない、としています。たとえば若くして取締役に抜擢されるなどすると、自分はもう頂点に達したような気になってしまうことがよくあります。それじゃあ、ダメなんです。

つまり、人生は終わりなきゴールを目指すようなもの。私も「愉快な人生」を標榜（ひょうぼう）していますが、そこに明確なゴールはありません。**どこまで行っても、終わりがないんですね。だからこそ、常に上を目指してがんばれる**のです。

そういう意味では、年収やポジションなどの「ここがゴール」と明確に設定できる目標とは別に、終わりのないゴールを持つことも大事。

どんな分野でもいい、「道を極める」なんて目標があるといいですね。常により高きを目指すモチベーションを保ちながら、充実した人生を送ることができます。

55 問題を「外から見る」視点を持つ

水を絶(わた)れば必ず水より遠ざかる。
客(かく)、水を絶りて来(きた)らば、之(これ)を水内に迎うる勿(な)かれ。

超訳

川を渡るのは、大変な危険・困難のともなう行軍である。川に入るような困難の渦中に身を置いているときは、いち早くその問題から遠ざかりなさい。そうして遠くから状況判断するのがよい。

河川地帯での行軍は人生行路で言えば、突然困難な問題が降りかかってきたときと考えるといいでしょう。

雨が降ると、川はみるみる間に増水します。山の天候は変わりやすいので、晴れているからといって安心はできません。人生における困難だって、いつ降りかかってくるかはわからない。だから、恐いんです。

その川での戦い方について、孫子は「川にずぶずぶと入って戦ってはいけない。いち早く川から遠ざかり、上流の開けた場所から状況を見ながら戦うのがよい」としています。

これは**「困難な問題の渦中に入ってはダメだ」**ということを意味します。何か問題が起きると、多くの場合、頭のなかが問題でいっぱいになり、それに振り回されてしまいます。

そういうときはいったん問題から離れて、高所大局から見たほうがいい。そうすると、問題の全体像がつかめるし、周囲の状況を見ながら対応策を考えることができるようになります。

川の急流に飛び込んだら、もがいてもがいて、結局は流れにのみ込まれて溺れてしまうでしょう？　それと同じで、問題が生じたときこそ、渦中に飛び込まずに、その問題を客観的に見る目を失わないことが大切なのです。

56 逆境にあっては「心の支え」が必要

斥沢を絶れば、惟亟かに去りて、留まる無かれ。
若し軍を斥沢の中に交うれば、
必ず水草に依りて衆樹を背にせよ。

超訳

湿地帯を行くときは、早くそこから逃れることだけを考えなさい。もし沼に足を取られたら、水草をしっかりつかんで、そのままずぶずぶと沈んでしまわないようにしなければいけない。人生においても逆境に耐えられるよう、自分を支えるものを持っていることが必要だ。

沼にうっかり足を突っ込んでしまったら、身動きがとれないままずぶずぶと沈んでしまいます。
人生の逆境にあるときもそう。困難に次ぐ困難で、泥沼にはまりこんだような絶望的な気持ちになるでしょう。

そういうときに重要なのは、とにかく早く逆境から這い上がることだけを考えることです。ほんの少しでも「もうここから脱け出せないかもしれない」などと思うと、足元をすくわれてしまいますから。

ただそう簡単にはいきません。逆境から這い上がるには、どうしたって大変な苦労と苦痛が強いられます。そんな場合もくじけずに逆境に立ち向かっていけるよう、心の支えになるものを持つのです。

といっても、さほど**大げさなものでなくてけっこう。心が癒されて元気が湧いてくる何かであればいい**んです。

たとえば「この人とお酒を飲んでバカ話をすると、心が晴れる」とか、「家に帰ったときにペットが出迎えてくれる、それだけで癒される」「ピアノを弾くと、何もかも忘れて元気になる」などなど。

日ごろから、仕事一本槍（やり）の生活ではなく、好きなことをする時間を持っているだけで、逆境に強くなれます。

57 「不意打ち」されないように注意せよ

平陸には易きに処りて高きを右背にす。死を前にし生を後にす。

超訳

平地に布陣するときは、山を背にしなさい。有利な状況にあるからこそ、危機に対して万全の備えをしておかなくてはならないのだ。

平坦な場所は状況的には、とりあえず行く手を阻むものが何もありません。人生で言うなら、順風満帆なときでしょうか。

そういうときは「向かうところ、敵なし」とばかりに、つい気が緩んでしまいます。前ばかり見ていて、背後から困難が襲ってくるかもしれないことに気がいかないんです。

だから「山を背にして、不意打ちを食らわないように注意しなさい」と、孫子は言っているわけです。

私の知人にも、起業当初はさんざん苦労をし、つらい目にも遭ってがんばってきて、その業界のナンバーワンにのし上がった瞬間に、不慮の事故で亡くなった方がいます。祝いのパーティを開いたその日に、二次会の飲み屋さんの階段から転落してしまったのです。

ポケットに両手を入れて歩く癖が災いしたようで、「まさに人生これから」というときだっただけに残念でなりません。

そんなこともあるから、**順境にあるときこそ、「明日死ぬかもしれない」くらいの危機感をもって、何をするにも慎重に、慎重に行動しなければなりません。**前を見てどんどん進む前に、どこかに死の危険が潜んでいるかもしれないことを考えておくべきでしょう。

孫子の言う「死を前にし、生を後にする」とはそういうことなのです。

58 何事も「過ぎれば毒」と心得る

凡そ軍は高きを好んで下きを悪み、陽を貴んで陰を賤しみ、生を養いて実に処る。

超訳

寒さで体温が奪われるようなところを避け、暖かいところで養生をしなさい。心身が健康であることが、より良い人生を生きる基本なのだ。

エネルギッシュに人生を生きるには、心身の健康が欠かせません。それは誰もが承知していることでしょう。だからこそテレビや雑誌などでも、健康をテーマにした企画が常に一番人気。「健康ブーム」はいまや、単なるブームを超越した感があります。それなのに、現代人はどういうわけかわざわざ健康を損ねるような生活をする傾向があります。

たとえば、仕事のやりすぎ。食事が不規則になり、睡眠時間を削ってでも働き続け、しまいには疲労から体調を崩したり、ストレスから心の病気になったりする人も少なくありません。

仕事で成果を上げても、心身の健康を損ねてしまえば元も子もないではありませんか。最終的には長期療養が必要になり、仕事ができなくなってしまうのですから。

仕事だけではなく、何事も「過ぎれば心身の毒」です。

食べすぎれば、胃腸の調子が悪くなったり、万病を引き起こすメタボになったりします。また必要以上に睡眠時間をとれば、逆に頭がボーっとしますし、やる気が減退してしまいます。このほか運動不足とか飲酒・喫煙、夜更かし、ケータイ依存……健康の大敵とされるものはすべて、「ほどほど」を心がけなくてはいけません。

「心身の健康が第一」とする孫子のこの言葉を通して、健康の大切さを再認識してください。そして、日常生活に何か健康にいい習慣を取り入れましょう。

私も二十年来、「一日おきに六千歩ほど歩く」ことと、「食事には必ず、血管を強化すると言われる胡麻（ごま）をたっぷり振り掛ける」ことを続けています。おかげで元気が保たれていますよ。

59 「うまい話」には気をつけろ

軍行に険阻・潢井・葭葦・山林・蘙薈有れば、必ず謹んで之を覆索せよ。此れ伏姦の処る所なり。

超訳

何か事が起きるときは、必ず前ぶれがある。どんな些細な現象も見逃さず、早いうちに事がどう変化していくかを察知しなければならない。

孫子はここで、敵情を察知するための方法論を、事細かく述べています。おもしろいところをいくつか紹介しておきましょう。

・行く手に険しい場所や池、窪地、葦原、林、草木の密生した暗がりなどがあるときは、敵兵が潜伏している。

・敵がこちらの近くまで迫っていながら静かにしているときは、険しい地形を頼みにして、こちらが出てくるのを待ち受けている。
・敵が遠くから挑発してくるときは、おびき出して一網打尽にしようとしている。
・木々が揺れ動いているのは、敵軍が進撃してくるしるしである。
・鳥が飛び立つのは、伏兵がいる証拠である。
・獣が驚いて走り出たら、森林に潜む敵兵が奇襲攻撃を仕掛けようとする予兆だ。
・土埃（ほこり）が高くまっすぐ舞い上がったら戦車部隊の進撃を、土埃が低く一面に広がったら歩行部隊の進撃を、土埃があちこちで細長く筋を引いていたら使役が薪（まき）をとっていることを、土埃がかすかに移動しながら舞い上がっていたら宿営の準備をしていることを見てとる。

どうでしょう、かなり緻密に観察していると思いませんか？

孫子の観察眼に心服させられると同時に、ほんの些細な現象も見逃しさえしなければ、敵の動きを正確に察知できるんだとわかります。

こういった方法論は、人生や仕事のさまざまな場面に応用できます。

総じて言えることの一つは、**「うまい話には裏がある」**ということ。

たとえば、非常に条件のいい仕事が舞い込んできて、「やります」と即答したら、法スレスレの行為を強要された、なんてことになるかもしれません。

あるいは悩んでいるときに救いの手が差しのべられて、「ありがたい」とその手にすがったら、お金をだまし取られた、というようなこともあるでしょう。

どんなにうまい話であっても安易に乗らず、「何か裏があるんじゃないか」と疑ってかかるくらいでちょうどいいのです。

孫子のこの言葉から学ぶべきは、「常に用心深くあれ」ということ。

同じようなことを、老子も言っています。「予として冬に川を渉るが若く、猶として四隣を畏るるが若く……」というのがそれ。

「予」とは、慎重に。冬に凍った川を渡るときは、氷が割れないか、表面をトントン叩きながら慎重に進みますね？　また不穏な時代はとくに、いつ何が起こるかわかりませんね？

だから常に「猶」、用心深く。周囲に敵がいることを想定して、「どこかによからぬ者がいないか。自分を陥れようとしている者はいないか」と、目配りを怠ってはいけない。老子はそんなふうに言って、用心深く人生を歩むことの大切さを説いているのです。

あと一つ付け加えると、人と会うときは相手の顔色や表情、動作などを細かく観察する必要があります。本心で何を考えているかを探る手がかりになるからです。

話に熱中しながらも、たとえば、

「目が泳いだ。ウソをついてるな」

「顔色が変わった。こちらの予測は図星だな」

「足を組み替えた。この話には、何か都合の悪いことがあるに違いない」

「手が震えてる。表情はにこやかだけど、相当緊張しているな」

「腕を組んでる。あまり信用されてないんだな」

「上着を脱いだ。心を開いてる証拠だな」

といった具合に、表情や動作などから心のなかを読み取っていくのです。

注意深く観察していると、意外とよくわかるものなので、そうして得た情報を今後のビジネスや人間関係に生かすといいでしょう。

60 「アメとムチ」の人心掌握術

卒未だ親附せずして之を罰すれば、則ち服せず。服せざれば則ち用い難し。
卒已に親附して罰行なわざれば、則ち用う可からず。

超訳

まだ人間関係ができていないうちは、何かまずいことをやっても処罰しないほうがいい。反発して、よけいに言うことを聞かなくなるからだ。逆に親しい関係ができているなら、甘やかしてはいけない。ナメられるだけだからだ。

よく言われるように、下の者を指導・育成するにはアメとムチが必要です。ただしただ交互に使えばよいというものではありません。孫子はこれを、人間関係のなかで捉えています。

たとえば新しい部下がついたとして、いきなり「たるんでるぞ!」「言うことが聞けないなら、もう会社に来るな!」などと厳しく叱りつけてはいけません。最初に威厳を示しておかなくてはと思うかもしれませんが、これは逆効果です。

まだ互いのことがわかっていない、疑心暗鬼の状態ですから、部下はいきなりムチを食らうと不快になります。「何だよ、ずいぶん高圧的なんだな」と反発するか、「嫌われてるのかな」と不安になるか。いずれにせよ、上司と距離を置こうとするでしょう。そんな状態で、上司の言うことを聞くはずはありません。

まず良好な関係を築くことが大事なのです。

逆に親しい関係ができたときは、甘やかしてはいけません。馴れ合いから部下は「ちょっとくらいさぼっても叱られないだろう」と上司をナメるようになるからです。ミスをしたり、命令を聞かなかったりしたときは、ちゃんとムチを打つことが必要です。

若い者を指導する立場の人は、愛情をかけて彼らを教え導きながら、褒めるときは褒め、叱るときは叱る。

平素からそんなふうに部下と接していれば、心を一つにして事を進めることができるでしょう。

第十講

「地形篇」

「自分の置かれた状況」の正しい見極め方

61「ライバルとの戦い方」六つの必勝パターン

地形に、通なる者有り、挂なる者有り、支なる者有り、隘なる者有り、険なる者有り、遠なる者有り。

超訳

ライバルとの競争に際しては、互いの状況に応じたやり方がある。その状況は大別すると六つ。それぞれのポイントを押さえなさい。

孫子はここで地形に応じて、どう戦えばよいかを説いています。

その地形とは「通」「挂」「支」「隘」「険」「遠」の六種類。これらをライバルと自分とが置かれている状況と捉えると、実に示唆に富んだ教えになります。

六パターンそれぞれについて、超訳していきましょう。

①直接対決は「元気」がモノを言う

相手と自分との間に遮るものが何もない「通形」状態であれば、正面からの〝ガチンコ勝負〟になります。その場合、何よりも重要なのは、元気はつらつであること。自分自身がたっぷり休養をとって鋭気を養っておくことと同時に、優秀なアドバイザーを持つことがポイントとなります。元気がまさっているほうの勝ちなのです。

②攻めやすいが引き返せない状況では相手の備えを要チェック

脇が甘いというか、隙のある相手というのは、攻めやすい。ただ、相手が準備万端で待ち構えていた場合、逆にやられてしまうことがあります。そうなったら時すでに遅し。適当なところで手打ちにするのは難しいでしょう。

そんな「挂形」状態のときは、勝負を挑む前に、相手がどのくらいの備えをしているか、十分に見ておく必要があります。そのうえで、こちらが有利とわかったら攻める。不利ならば戦わない。退路を断って、判断することがポイントになります。

③先に手を出したほうが負けそうなときは勝負を避ける

勝負を仕掛けたほうが不利になる「支形」状態なら、争わないほうが無難です。相手が誘いをかけてきても、うっかり乗らないことです。

ただし、逃げるフリをして、相手を誘い出し、有利に戦うという手があります。

④一番に難関を突破し力を蓄える

たとえば、技術の開発競争など、一番に難関を突破するかどうかが勝負の分かれ道になります。これが入り口の狭い「隘形」状態。先に新しい技術を開発したら、他を寄せ付けないよう、力を蓄えるのみです。もし先を越されても、相手に不備があるようなら、あきらめることはありません。ライバルを凌ぐ技術で逆転を図りましょう。

⑤先を越されたら勇気ある撤退を

不可能とされる非常に難しい課題をクリアする競い合いになった場合、ライバルに先を越されたら勇気ある撤退をするべきです。「険形」状態では、とにかく誰よりも早く難関を突破し、優位に立つことがポイントになります。

⑥得意分野でなければ戦わない

実力的には拮抗(きっこう)している相手でも、自分の得意でない分野では競い合ってはいけません。そういう「遠形」状態で戦っても、自分が不利になるだけなのです。

たとえば、新商品を開発するときや、新しい市場に打って出るとき、販売合戦にエントリーするときなど、以上六パターンを参考にしてみてください。

一番大事なのは、自分の天性を見極めて、誰にもマネのできない独自の領域を確立することです。中国古典では、人は誰もがそれぞれ異なる性命、つまり天から授かった性質である天性と、運命をもって生まれてくるとされています。その唯一無二の天性が何であるかに気づくことこそが、独自の領域を確立することにつながるのです。

62 負ける理由は必ず「自分」にある

兵に走る者有り、弛む者有り、陥る者有り、崩るる者有り、乱るる者有り、北ぐる者有り。凡そ此の六者は天の災いに非ず、将の過なり。

超訳

負ける理由は大別して六つある。総じて言えるのは、自分で自分をコントロールできていないことだ。

会社が悪い、社会が悪い、上司が悪い、部下が悪い、家族が悪い、友人が悪い……

思い通りにいかないと、すぐに他者のせいにする人が少なくありません。

本当にそうでしょうか。孫子はここで敗北を招く理由を六つ挙げています。具体的には、兵士のなかに「走る者」「弛む者」「陥る者」「崩れる者」「乱れる者」「逃げる者」がいると負けると言い、そういう兵士が出るのは将軍の過失だとしています。

その将軍と兵士を「内なる二人の自分」、つまり司令官たる自分と行動する自分に置き換えると、ここがまたおもしろい。孫子が「負ける理由はすべて自分にあるんですよ」と言っているように思えます。

これら六つの負ける理由を一つひとつ、見ていきましょう。

①目標設定が高すぎる

戦力が一対十と、相手のほうが断然有利な場合、いくら将軍が「突進せよ」と命令しても、「走る者有り」。兵士たちは逃げ出します。

これは目標設定が高すぎることを意味します。いくら自分で高い目標を設定しても、現実に動こうとすると、すぐに「達成できそうもないな」とわかり、あきらめてしまうことになります。

つまり悪いのは、そんなに高い目標を設定した自分自身です。

常に目標達成に向けてアグレッシブに行動するためには、「もうちょっとで手が届く」というレベルから、段階的に上げていったほうがいいのです。

②自分を律することができない

将軍が弱くて兵士が強いと「弛む者有り」。兵士たちはたるみ切って、怠けたり、勝手な行動を取ったりします。これは自分を律することのできない人を意味します。自分で自分を厳しく律しないと、人間はどうしても楽なほうに流れます。怠惰になってしまうのです。そんなふうでは、事がうまくいかなくて当たり前。

悪いのは、やはり自分自身です。ともすれば楽をしようとする自分を自分で叱咤して、モチベーションを維持しなくてはいけません。

③ダイナミックな行動がとれない

将軍が〝堅物〟すぎると、兵士たちは通り一遍の行動しかできなくなってしまいます。これが「陥る者有り」の状態。

人間もあまりにも既成概念や固定観念に囚われていると、それに縛られて、自由闊達な発想・行動ができなくなってしまいます。とくに現状を打開する必要があるときは、思い切った策を打つための変幻自在な発想力が求められます。

それができなければ、悪いのは発想力の貧困な自分自身です。アイデアに行き詰まったら、自分を縛る既成概念・固定観念の枠を取っ払い、多面的に物事を見なければいけません。

④いっときの感情を抑制できない

将軍が感情的だと、兵士たちは振り回されます。「崩るる者有り」となって、てんでんばらばらの行動に終始してしまうのです。

いわゆる気分屋の人というのは、場当たり的な行動になりがち。何をやっても、迷走してしまいます。悪いのは、感情をコントロールできない自分自身です。常に自分を冷静に保ち、方向性を定めて行動することが大切です。

⑤的確な指示が出せない

将軍が惰弱であると、兵士に的確な軍令を出すことも、徹底させることもできません。そうなると「乱るる者有り」で、兵士たちの統制は乱れます。

自分の都合のいいように考える、リスクコントロールの甘い人がこれに当たります。ちょっと想定外のことが起きると、パニックに陥ってしまうでしょう。

それで打つ手がなくなったとしたら、悪いのは状況判断の甘い自分自身です。

現状を的確に判断し、あらゆるリスクを想定して事に臨まなくてはなりません。「想定外なんてない」と言えるくらい、あらゆる場面に対応できる子細な計画を練る必要があります。

⑥見切り発車をする

将軍が敵情をきちんと把握できず、兵力も十分に増強せず、しかも中核となる精鋭部隊の育成もしないまま戦いに突入しても、兵士たちは戦いあぐねるだけです。これが「北ぐる者有り」の状況です。

これは見切り発車をしてしまうことに相当します。ときにはこの「走りながら策を考え、行動する」方法がうまくいくこともありますが、たいがいは力不足・準備不足がたたって、早々にうまくいかなくなります。

悪いのは、十分な計画を練らなかった自分自身です。行動を起こすときには、用意周到に考え、打てるだけの手を打って、事前に勝算が立ってからにするのが本来です。あわてる乞食は何とやらで、見切り発車をしてもうまくいかないことのほうが多いことを覚えておいてください。

以上六つが、失敗のパターンです。

これらを「なるほどね」で終わらせてはダメ。活用しなければ意味がありません。自分で自分の墓穴を掘らないよう、行動の戒めにしてください。

63 上司と部下の「理想的な関係」とは？

卒(そつ)を視(み)ること嬰児(えいじ)の如(ごと)し、故(ゆえ)に之(これ)と深谿(しんけい)に赴(おもむ)く可(べ)し。
卒を視ること愛子(あいし)の如し、故に之と倶(とも)に死す可し。

超訳

部下をわが子のようにかわいがりなさい。そう思えばこそ、ともに困難に立ち向かっていけるのだ。

孫子は「将軍と兵士は親子のような関係だ」としています。ここは組織における上司と部下の関係に当てはめて考えられます。

部下をわが子のように愛していれば、どんなに困難な状況になろうとも、行動をともにできます。極端な話、喜んで生死をともにすることだってできるでしょう。

ただし、単に〝ねこかわいがり〟するだけではダメだと、孫子は言っています。手厚く保護してあげるだけでは、命令に従わせることも、規範に沿った行動を律することもできません。そんなふうだと、部下は、子どもにたとえるなら、わがままなドラ息子になってしまいます。

現代人にはちょっと耳の痛いところ。会社では上司が部下と、学校では教師が生徒と、家庭では親が子どもたちと、深い心のつながりをつくることもせずに、ご機嫌をとるような傾向がありますから。

そうかと思うと、逆に上の者が下の者に対して権力をふりかざすように高圧的になったり、体罰を与えたりする例も見受けられます。パワーハラスメントやモラルハラスメント、家庭内暴力などが、深刻な社会問題となっているのです。

上の者は下の者に対して、親のような無償の愛を注ぐ一方で、厳しく律する。そのなかで深い心のつながりを醸成していかなくてはなりません。

職場における上下関係や師弟関係、家庭における親子関係が揺らいでいるいま、孫子のこの言葉はいっそう身に沁みます。

64 「勝率」を上げるための「三つの鉄則」

兵を知る者は、動いて迷わず、挙げて窮せず。

超訳

クリアすべき課題の難易度と自分の実力と置かれている状況、この三つを常に見ていれば、迷いなく勝負に挑めるし、対応に窮することはない。

この前段で孫子は「勝つ確率は五分五分だね」というケースを三つ挙げています。

一つは、味方の兵士の実力を把握していても、敵の戦力が強大であることを認識していない場合。

二つ目は、敵の戦力が劣っていることをわかっていても、味方の兵士の実力を把握していない場合。

そして三つ目は、敵の戦力も味方の兵士の実力も十分に把握していても、地形が不利なことに気づかない場合です。ここを、

「敵の戦力＝クリアすべき課題」

「味方の兵士の実力＝自分の実力」

「地形＝置かれている状況」

として読んでみましょう。

自分の実力がわかっていても、課題が難しすぎることがわかっていないと、どこかで行き詰まります。

また易しい課題だとわかっていても、自分の実力を認識していないと、無駄なエネルギーを消費して疲れます。

さらに課題の難易度と実力がわかっていても、状況が不利であることに気づかないと、うっかり落とし穴にはまる危険があります。

だから、課題に挑戦するときは、その難易度と、自分の実力と、自分の置かれている状況の三つを十分に把握しておく必要があります。

つまり、**「その課題はいまの自分の実力でクリアできるものなのか。状況的に見て、障害になるものはないか」**をよく考えるということです。

そこさえしっかりやっておけば、行動に迷いがなくなるし、いざ行動してから苦境に立たされることもなくなるのです。

第十一講

「九地篇」

勝利をより確実にするための「心の整理術」

65 状況に応じて「心構え」を変える

兵を用(もち)うるの法、散地(さんち)有り、軽地(けいち)有り、争地(そうち)有り、交地(こうち)有り、衢地(くち)有り、重地(ちょうち)有り、圮地(ひち)有り、囲地(いち)有り、死地(しち)有り。

超訳

状況によって心持ちが違ってくる。大事なのは、その揺れ動く心を整えて、事に当たることである。九つの状況に応じた心構えを知っておくことが望ましい。

この長いくだりは「九変篇」とだぶる記述がけっこうあります。ここでは状況によって変わってくる心持ちに焦点を当て、事に当たるための心構えをどうつくっていけばよいかを考えてみましょう。

孫子が想定している九つの状況——「散地」「軽地」「争地」「交地」「衢地」「重地」「圮地」「囲地」「死地」に沿って超訳していきますが、これまでのように文章をブロックごとに読むと内容がつかみにくい。したがって、後段に出てくる関連のある文章とまとめて解説します。

◎気が散るときは仕切り直し

「散地」は、敵が自国に侵入してきて、自国の領内で戦うこと。動員された兵士たちは目と鼻の先にいる、残した家族のことが気になって、帰りたくてしょうがない。気が散って、戦うどころではなくなってしまいます。

こういうことは日常でもよくあります。デートの約束があって気もそぞろで仕事に集中できないとか、心配事があって目の前の仕事が手につかない、目標を見失って何をしたらいいのかわからないままに迷走する、といった場合です。

そんな状態では大したことはできません。ここは「志を一にする」ために仕切り直すしかない、と孫子は言っています。

右の例で言えば順番に、仕事を早目に切り上げてデートを先行させ、残った仕事は翌日早朝にがんばる、心配事を解決してからすっきりした気持ちで仕事に取り掛かる、目標を再設定して気持ちも新たにやるべきことをやる、というふうに。

気が散るときは、何をやってもうまくいかないもの。集中できる環境を整えることで、心の状態も整うのです。

◎この先が不安なときは人を頼る

「軽地」は、敵国内に足を踏み入れた状態。この先、どう戦いが展開するのか、兵士たちは非常に不安でしょう。心が落ち着かない状態です。

私たちも新しいことに挑戦する当初、心のなかは不安でいっぱいになりますね。そういう状態で心を落ち着けるにはどうすればよいか。

孫子は「ぐずぐずするな」と言っています。さらに先を読み進むと、「吾将（われまさ）に之をして属せしめん」と具体策が提示されています。

ようするに「信頼できる協力者を求めて、落ちついて事に当たりなさい」ということです。頼りになる助っ人ほど、心強い存在はありません。先行きの不安も一気に解消されるでしょう。

◎激しい競争を前に浮き立つときは、しばらく事態を静観する

「ここを押さえたら有利になる」と、狙いをつけるライバルが多いところ、つまり「争地」では、兵士たちは浮き立ってきます。早く攻めようと、気がはやるのです。

現代でも、たとえば「中国市場が有望だ」となると、多くの企業がいち早く進出しようと激しい競争を展開しますよね？

そういうときにありがちなのが、市場をよく吟味せずに進出したために、大した利益をつかめないことです。

孫子は「吾将に其の後を趨らさん」としています。勇み足にならないよう、しばらくは事態を静観して、競争が一段落してから落ちついて攻めなさい、ということです。「漁夫の利を狙う」と言ってもいいでしょう。

現場がわさわさしていると、どうしても地に足のついた考え方・行動ができなくなるので、自分自身に「あわてるな。落ち着け。出るのはいまじゃなくていい」と言い聞かせるようにしてください。

◎競争に気が休まらないときは、仲間と一致団結する

「交地」は、攻め入りやすいところ。ライバルが不意に現れる恐れがあるため、気持ちの休まる暇がありません。

ビクビクして心を疲弊させないためには、「吾将に其の守りを謹まんとす」と孫子は言っています。各部隊の連結を固めなさいということです。

ビジネスにおいては、新参者でもそこそこ勝負できると言いますか、比較的参入しやすい市場・分野があります。そういうところで自分のポジションを維持するのは、けっこう大変で、気疲れするものです。

仲間が一丸となって抗戦できるよう、守りを固めるのが得策でしょう。組織なら、たとえば精鋭揃いの専門家集団を結成するとか、部門間の風通しが良く、階層がフラットで柔軟な組織に編成し直す、といったことがあげられます。仲間とともに一致団結する環境があると、人の心は安定するのです。

◎相手のバックにいる大物が恐いときは、大物と親しくなる

戦う相手は小物でも、バックに大物がいると、始終その影に怯えることになります。

そんな「衢地」では、小物を相手にせず、大物と親しくなるのが一番です。

仕事でも、大物の後ろ盾がいることで、横柄に振る舞ったり、無理難題を押し付けてきたり、いちいち大物におうかがいを立てなければ仕事が進められなかったりする人がいませんか？　その人自体は小物でも、こちらが後ろ盾に大きな恐怖を感じていると、現場で思うように事を進められません。最悪の場合、小物の言いなりになってしまいます。

そういった恐怖を取り除くには、小物の頭越しに大物と親しくなるしかありません。孫子の言う「吾将(われまさ)に其の結びを固くせんとす」。小物は大物の言いなりですから、こちらの言い分が通りやすいし、仕事もスピーディに進むでしょう。

◎事に深入りしてうろたえたときは、持久戦で持ちこたえる

敵の領内に深入りして、後方に敵城が控えている状態が「重地」。動きがとれず、兵士は生き延びられないのではないかと非常にうろたえます。人心が乱れぬようにするには、食料や物資を現地調達しなければなりません。

私たちにも、いつの間にか自分の本来の仕事ではないプロジェクトに深入りしたり、

争い事の仲介に立ったばかりに渦中に巻き込まれたりすることがあります。うまく事を進めるだけの技量も能力もないわけですから、なかなか足抜けできないと「どうしよう、どうしよう」とうろたえるばかりでしょう。

そんな心の状態を整えるには、とりあえず持久戦を覚悟するしかありません。そのうえで、「吾将に其の食を継がんとす」。

できることを細々と続けながら、現状を打破する機会をうかがうのです。

ビジネスにおいては、先細りの業界に深入りしてしまったようなとき、細々と事業を続けているうちにライバルが全員撤退していた、なんてこともあります。そうなれば一人勝ちです。

◎事が進まず苛立つときは、全力疾走で切り抜ける

山林や険しい山道、沼地での行軍は、困難を窮めます。そういう「圮地」に入ると、なかなか前に進めず、兵士は苛立ちます。時間がかかればかかるほど苛立ちが募り、体力も消耗して、ますます行軍のスピードが落ちてしまいます。

だから「速やかに通過しなさい」と、孫子は言っています。

具体的に、どうすればいいか。それは、「吾将（われまさ）に其の塗（みち）を進まんとす」、体力があるうちにダーッと全力疾走で駆け抜けるのがベストなんです。「休み、休み行きましょう」「慎重にゆっくり行きましょう」なんてやっていると、たちまち抜き差しならない泥沼状態に陥ってしまいますから。

これは恋愛関係を考えると、わかりやすいかもしれません。たとえば三角関係や別れ話、あるいは〝長すぎた春〟など、一度関係がこじれると、ずぶずぶになることがよくありますね？　そういうときは泥仕合になる前に、一気に話をつけたほうがいい。

恋愛だけではなく、人間関係はすべからくそう。話し合いを先送りにしたり、「ゆっくり話し合おう」と悠長にやっていると、問題はいつまで経っても解決しません。相手があっけにとられて言葉を差し挟む隙もないくらいに、ハイペースで話を進めるのがベストなのです。

◎四面楚歌で無力感に苛まれたときは、退路を断つ

「囲地」は文字通り、周囲は難所だらけという状態です。「四面楚歌」と言ってもい

い。こうなるともうにっちもさっちもいかず、兵士は無力感に苛まれます。

人生においても、たとえば「上からは抑えつけられ、下からは突き上げられ、取引先からは無理難題を押し付けられ、顧客からはクレームの嵐で、家庭でも疎んじられ」といった具合に、四方八方から攻められている状況になることがあります。

でも、ヤル気を失って、うずくまっている場合ではありません。何とか立ち上がるためには、荒療治が必要です。それは「吾将に其の闕（けつ）を塞（ふさ）がんとす」、退路を断って、一点突破を図るしかないのです。

わかりやすい例で言えば、転職先を決めずに辞表を出す、離婚に踏み切る、自己破産をするなど、退路を断つ方法はいろいろあります。失うものは大きいけれど、覚悟は決まるはず。そこまでやって初めて、一筋の光明が見えてくるものです。

◎絶体絶命のピンチに身のすくむ思いがするときは、決死の覚悟を持つ

死の危険と隣り合わせの状態が「死地」。そこまでの絶体絶命のピンチに立たされたら、兵士は身がすくんでしまうでしょう。「人生、もはやこれまで」と覚悟しないと、その思いを克服することはできません。

人生で言えば、信頼が地に落ちたとき。取り返しのつかないミスをした、社会的生命が絶たれるほどのスキャンダルを起こした、家も財産も仕事も家庭も持てるものすべてを失った、というようなケースがこれに相当します。

精神的にはかなりキツイと思いますが、だからこそ決死の覚悟が必要です。「吾将に之（これ）に示すに活きざるを以てせんとす」と孫子が言うように、最後に命がけで、獅子奮迅の戦いに挑むことが求められるのです。自分でも思いも寄らない力が湧き上がってくるのは、実はこういうときなのです。

以上、九つの状況はいずれも心乱れるもの。孫子の説く心構えを肝に銘じて、前を向いて山あり谷ありの人生行路を歩き続けてください。

人生はどんなに厳しい状況にあっても、心構え一つでいかようにも変わります。いたずらに精神的ダメージに屈することなく、「危機的状況こそ飛躍のチャンスなんだ」と考え、心を整えることが一番重要なのです。

66 心の乱れが自滅を招く

利に合いて動き、利に合わずして止む。

超訳

団結力が**弱**く、みんなの**心**がバラバラの**集団**は**脆**い。そうなるように**仕向**けて、**敵**がまんまと**内部崩壊**するのを**待**って、**戦**うのがよい。

会社などの組織が危機的状況に陥る原因は、たいていは内部の弱体化にあります。背景に景気の悪化や競争の激化、時代の変化等の外部要因があるにせよ、そういった悪環境に耐えられるだけの力がなかった。つまり組織が一枚岩となって力を発揮する、その体制が崩壊していたことにあると言えるでしょう。

孫子は相手がそうなるように仕向けて勝て、としていますが、ここはそうならないようにするためにどうすればよいかを学ぶべきでしょう。

組織に限らず個人だって、自分自身の心が〝外野の声〟にいちいち反応しては乱れるようだと、自滅してしまうことになります。

孫子が「軍隊内部の部隊の意思疎通がなく、地位や立場の違う者同士が協力し合うことがなくなると、兵士はバラバラになる」としているように、人間も軸となる考えがブレるとダメ。心が千々に乱れて、行動に一貫性がなくなってしまうのです。

心がそんな乱れた状態で、さまざまな困難が待ち受けている人生をたくましく生きていくことができますか？

できません、心が〝臨戦態勢〟になっていないのですから。

そうならないように、

「周りが何と言おうと、自分はこう考える」

「どんな環境にあっても、この筋だけは曲げられない」

というものを持たなくてはいけないんです。

たとえば、自分が取り組んでいる仕事に対して、周囲から「つまらない仕事だね」とか「もっと儲かる仕事をしたら？」「誰も評価しないよ」「大変な思いをするだけソンだよ」などと言われたとして、いちいち「そうかな、そうかな」と反応していたら、もう仕事どころではなくなります。

でも、**ちゃんとした目標・信念があれば、動じることはありません。**

「私はこの仕事をやり抜くと決めたんだ」と、自分の思う方向に向かって進んでいけます。自分自身の内に「ブレない軸」さえあれば、心が乱れることはないし、自滅するようなことにもならない。孫子はそう教えてくれているのです。

67 相手の〝聖域〟をつく

先ず其の愛する所を奪わば則ち聴く。

相手が万全の態勢を整えて攻めてきたら、まず彼らが一番重視しているところをつくのがよい。相手を思いのままに操れるだろう。

超訳

組織には、攻められたくない事業がありますね？　「生命線」と呼ばれるような事業がそうでしょう。

また個人の心には、誰にも触れられたくないことがありますね？　それは人生の汚点とも言える過去の行状かもしれないし、秘かに楽しんでいる趣味の世界なんかもそうでしょう。

あと、奪われたくないものがありますね？　愛する家族や友人、とっておきの宝物などです。

そういった〝聖域〟とも言うべきところをつけ、と孫子は言っているのです。

何だか非情のように感じるかもしれませんが、戦争は生きるか死ぬかの大事であることを考えてください。とりわけ**相手が隙のない状態であれば、一番大事なところをついて心を乱れさせる必要がある**わけです。

ここから私たちが学ぶべきは、自分が義において善とする物事に対しては、「聖域なし」の覚悟をもって達成しなければいけない、ということです。

政治でも、たとえば「聖域なき行政改革」というような言い方をしますね？　あれは、利権のある人にとっては侵されたくないものであっても、国益という大きな目標の前にはメスを入れる覚悟ですよ、ということを表わしています。

人生においても、ときにはそういう覚悟が必要なこともあるでしょう。

ただし目的は「痛いところをついて、相手を動揺させる」ことですから、やりすぎは禁物です。

ビジネスや人間関係の競争、もめ事などに応用する場合は、「つくぞ、つくぞ」と見せかけて、頃合いを見計らったところで、しっかりした仲裁役を立てて手打ちにするのが望ましいでしょう。孫子が「兵の情は速やかなるを主とす」と言っているのは、そういうことなのです。

68 冷徹に、でも感情豊かに

令、発するの日、士卒の坐する者は涕襟を霑し、偃伏する者は涕頤に交わる。

超訳

窮地に**立**つと、**人**は**命**がけになる。しかし**死**を**覚悟**した**彼**らは、**人知**れず**涙**しているのである。

孫子の兵法にあって、ここは文学的表現に浸っていただきたいところです。非情なまでの戦略論を展開する一方で、孫子はとても感情豊かな人物でもあったのです。

このくだりでは、「兵士たちを逃げ場のないところに追い込めば、指示をせずとも一致団結して命がけで戦いに臨む」としていますが、続けてその命がけの戦いに出る前の晩の兵士たちの心情を思いやっています。
「彼らだって、財産は欲しいし、命は惜しい。誰が好んで命を賭して戦うものか。出陣の命令がくだったときは、涙が頬を伝わり、襟を濡らしたことだろう」

原文には詩のような味わいがあります。

ただ厳しく、冷徹なだけではなく、人情味あふれる豊かな感性の持ち主でもある人物が一流なんだ。孫子はそう言いたいのではないでしょうか。

ここまで、見方によっては「手段を選ばず」的な戦法をずいぶん学んできましたが、そういう戦法も人間的な感情があればこそ実効性が高いものになるのです。

みなさんの周りにも、そういう上司やリーダー、師がいますよね？　常に温かな愛情で包んでくれると実感しているから、どんなに厳しくされても信じてついていく気持ちにさせられる。みなさんにもそういう人物を目指していただきたいところです。

69 行動は常に「しなやかに、したたかに」

善く兵を用うる者は、譬えば率然の如し。

超訳

攻撃に対しては、しなやかに受け流しながら、即座に反撃に出ることだ。それが「したたかに生きる」ということである。

軍隊を巧みに使いこなす将軍を、孫子は「率然」という蛇にたとえています。中国の五名山の一つである恒山に棲む蛇のことです。

この蛇は、攻めようのない動きをするんです。頭を打つと、尾でピシーンとはたかれる。尾を打つと、頭が襲いかかってくる。ならばと胴を打つと、今度は頭と尾の両方で反撃してくる。どこからどう攻めても、しなやかにかわし、同時にファイティングポーズをとるや、反撃してくるわけです。

孫子は、将軍たる者はこうでなければいけないとしています。

これを人間関係に置き換えて考えると、第一に重要なのは、**周りから何を言われよ**

うと、**とりあえずは「柳に風」と受け流すこと**でしょう。正面から受け止めて、抵抗したり、反発したりせずに、しなやかに身をかわす。そのほうが互いに感情的になって、関係を悪化させずにすみます。

そして次に重要なのが、**相手の不意をついて、まったく別の方向から自分の意見や提案をぶつけること**です。

前に受け入れられたこともあるし、相手もこちらの話を聞く耳を持っているはず。その分、話を通しやすくなります。ボクシングで言えば、カウンターパンチのようなものですね。

このくだりで孫子は、続けて「軍隊を率然のようにするには、みんなが助け合わざるをえない危機的な状況におけばよい」と言っています。「もともと仇同士だった呉と越だって、同じ船に乗り合わせたときに暴風に見舞われれば、力を合わせて危機を回避しようとするではないか。同じ軍隊ならば、もっと簡単だよ」と。

これは「呉越同舟」という言葉の出典になっているところ。人生においても、自分の持てる力を総動員して縦横無尽に駆使すれば、率然のようなしなやかでしたたかな行動がとれる、ということです。

70 開示すべき情報と、隠すべき情報

能く士卒の耳目を愚にして、之を知ること無からしむ。

リーダーは心静かに深く考え、何事にも厳正に臨まなければいけない。部下たちに作戦を細かく知らせる必要はない。作戦の内容は誰にも知られてはならないのだ。

超訳

どの企業にも機密情報というのがあります。個人間の競争においても、こちらの手の内は周囲の誰にも知られないほうがいい。**戦略を思い通りに実行するためには、秘密主義でいくのが一番**なのです。

情報社会が進展した現代は、情報は何でもガラス張りにしたほうがいいとする傾向があって、秘密主義でいくことがちょっと難しくなってきています。それでも「情報は何でも与えればいいってもんじゃないよ」と、孫子は言うでしょう。

私はここを現代流に二通りで解釈しています。

一つはリーダー論として、とりわけいい情報は部下に与えない、ということです。リーダーに「絶好調だ。この調子でいけば、ライバル企業に楽勝だよ」なんて言われたら、部下はたるんでしまいます。

ですから、絶好調を秘密にできないまでも、「しかし我々には、これだけの不安要素がある」といった懸念情報を与えることは可能でしょう。

これは、危機感、緊張感を煽って、部下たちをがんばらせる情報の与え方と言えます。

もう一つは、自分自身の考えや行動を、外に向かって喧伝しないほうがいい、ということです。

たとえば「儲かっている」などと言おうものなら、すぐに借金の依頼など、おこぼれに与ろうとする人たちが寄ってきます。

仕事内容だって、それが画期的なものであればあるほど、人に知られないうちに行なうことが決め手となります。

71 リーダーは「しんがり」を行け

帥いて之と期するや、
高きに登りて其の梯を去るが如く、
帥いて之と深く諸侯の地に入りて、其の機を発するや、
舟を焚き釜を破りて、群羊を駆るが若く、
駆られて往き、駆られて来り、之く所を知る莫し。

超訳

リーダーは羊飼いのように、部下たちを後ろから追い立てなさい。ゴールへのプロセスを知らせずに走らせ、窮地に追い込めば、彼らは命がけで戦ってくれる。

この「九地篇」で孫子は繰り返し、兵士たちを絶体絶命のピンチにさらすことの重要性を説いていています。

何も苦しめようっていうのではないんです。ようするに、覚悟を決めさせる。人間

というのは覚悟を決めると、自分でも驚くほどの力が発揮されるものです。

そういうスタイルでリーダーシップを発揮する場合は、リーダーは先頭に立ってはいけません。しんがりを務める。

といっても、**追って来る敵を蹴散らすのではなく、後ろから部下を追い立てながら指示を出す**のです。そのほうが部下たちの動きがよく見えるし、方向を間違えたらすぐに軌道修正することもできます。

いまのリーダーを見ていると、先頭に立って「黙ってオレについて来い」とやっている人が何と多いことか。先頭を切って走ったはいいけれど、しばらくして後ろを振り返ったら、部下は誰もいなかった、なんてことになりかねません。

早い者勝ちで先行者利益を狙うシェア競争なら、そういう率先垂範型のやり方でいいのですが、状況判断をしながら複雑に行動しなければならないビジネスの場合はそれではダメです。

孫子が言うように、ベストなのは羊飼いが後ろから羊たちを追い立てるように統制するやり方。リーダーは今日から、旧態依然とした「黙ってオレについて来い」方式から、部下たちを追い立てていくやり方に切り換えてください。

72 「利益」を明確に示せば、人は動く

無法（むほう）の賞（しょう）を施し、無政（むせい）の令（れい）を懸（か）け、三軍の衆（しゅう）を犯（もち）い、一人（いちにん）を使うが若（ごと）くす。

超訳

任務によっては法外な報酬を与え、非常時には掟破りの命令を下してもよい。そうすれば大勢の部下を、一人のように使える。利益を示して人を動かすことだ。

達成困難な仕事や、危険のともなう仕事、組織に大きな利益をもたらす仕事には、法外な報酬を与える。

また状況に応じて、これまでのルールにはない特別な任務を命じる。

そうやって**報奨を示せば、言葉で細々と指示するまでもなく、人を動かすことができる。**孫子はそう言っています。

これはいまで言う「報奨金制度」に近い感覚。日本は戦後、何でも平等、平等でき

て、任務の量やその働きと結果ではなく年齢で報酬や地位を決める「年功序列」だの、定年まで働ける「終身雇用」だの、孫子から見れば〝甘すぎるシステム〟を構築してきました。

結果、どうなったか。「どれだけ生命を削って働いても給料は同じなんだから、そんなにがんばらなくてもいい。よほどのことがない限り、クビになることもない」と考える人が増え、組織がふやけてしまったではありませんか。

もちろん、そういったシステムにはいい面もあるし、そのなかでがんばっている人たちも大勢いますが、どうしても心のどこかに甘えが生じてしまうのが現実です。それに、法外な報酬や特別任務に奮い立って、「よし、一回挑戦してみよう」とする気になりにくいですよね？

最近、「報奨金制度」や「表彰制度」が重要視されているのも、これまでのぬくぬくした環境を一新して、孫子の言う「死地に陥れる」方向に向いてきたことの表れでしょう。

第十二講

「火攻篇」

自分の「評価」「印象」を高めるテクニック

73 時代の風に乗せて「いいイメージ」を広げる

火を発するに時有り。火を起こすに日有り。
時とは天の燥けるなり。
日とは月の箕・壁・翼・軫に在るなり。
凡そ此の四宿は風起こるの日なり。

超訳

火攻めをイメージ戦略と捉えるなら、時代のニーズに合うイメージを、時代の風に乗せて広げていくのがよい。

「火攻篇」では文字通り火攻め、つまり山や城に火を放って敵陣を攻撃するための戦略について述べられています。

ここを私は「イメージ戦略」として読んでみました。というのも、火攻めは戦闘を有利に展開するための仕掛け的な役割を持っているからです。

イメージ戦略もまた、一種の仕掛けです。自分もしくは組織が他人や世間に与えるいい印象・評判を広げることによって、事を進めやすくすることができるからです。

それに仕掛けたイメージが、評判が評判を呼ぶようにして世の中に拡散していく様は、火がものすごい勢いでメラメラと燃え広がっていく様を彷彿とさせるものです。

何を隠そう、私はイメージの専門家です。若いころは「イメージ選挙」というものをわが国で初めて手がけ、政党のイメージ戦略を担当していました。

その立場から「火攻篇」はまさにイメージ戦略だと実感しているのです。

◎大事なのは風を読むこと

孫子は「あらかじめ発火器具などを備えつけて、風の起こるときを見計らって火攻めを決行するべし」と言っています。イメージ戦略も同じで、「時代の風」が吹いていないと、イメージの火種をうまく広げていくことができません。

つまり「風を読む」ことが大事なんです。

その判断材料の一つは、「天の燥ける」とき。空気が乾燥していないと火が燃えにくいように、イメージという情報の浸透も社会にそれに対する飢餓感が充満しているときがいい。

だから、まず「社会が何に飢えているか」を考える。時代のニーズを察知して、人々の飢餓感を煽る、あるいは喉の渇きを潤す形で、イメージを広げていく感じです。たとえば、本づくりの場合、社会が愛に飢えているのであれば、その感情に訴えるイメージの装丁にするというように。

それが「時代の風を読み、時代の風に乗せてイメージを広げていく」ことなのです。

◎イメージ戦略の五原則

孫子はまた、火攻めには五種類あるとしています。具体的には、兵士を焼き打ちにする、野外に積まれた物資を焼く、輸送中の物資を焼く、物資が貯蔵された倉庫を焼く、敵陣に放火する、の五種類です。

これらをイメージ戦略に当てはめるのは難しいのですが、たとえば私が手がけたイメージ選挙にも実は五つの原則がありました。

一つ目は容姿。ヘアメイクを施して、その人らしい魅力を引き出します。

二つ目は服飾。洋服や装身具でキャラクターを表現しました。

三つ目は人柄。表情やしぐさ、話し方などを通して、その人のいいところが伝わるようにします。

四つ目はバックグラウンド。

たとえば、東大卒で大蔵官僚出身の候補者をコンサルティングしたときは、そのことに対する世間のマイナスイメージを払拭しようと、「大蔵官僚らしからぬ」というキャッチフレーズをつくりました。加えて、エリートのイメージとは対極にある「寒村育ち」という要素を効果的に使いました。それによって、「頭の切れる精鋭でいて、親しみやすい」イメージをつくったのです。

五つ目は思想や考え方。

とくに政治家はここが大事なので、どういう国にするためにどんな政策を打つのかがわかりやすく端的に伝わるよう、選挙公約をつくります。

以上の五つは、表面的な印象を訴えるものから、だんだんと内面の理解へと進む順番でもあります。

イメージ戦略においては、支持層に好印象を持たれること、支持層を広げていくために、これら五つの原則で戦略を立てることが非常に重要なのです。

いったん火がつくと消すのが大変なように、イメージ戦略でも悪いイメージが広がった場合は〝消火〟が大変です。

だから、慎重に取り組まなければならないことを、言い添えておきましょう。

74 メディアをうまく活用する

凡(およ)そ軍は必ず五火(ごか)の変有るを知り、数(すう)を以(もっ)て之(これ)を守る。

超訳

火を勢いよく広げていくための戦法には、五種類のバリエーションがある。イメージ戦略では火付け役としてのメディアの活用がポイントになる。


火攻めの一番のポイントは、いかに勢いよく広範囲に火を広げていくかにあります。

孫子は五種類のバリエーションをあげています。

たとえば「敵陣に潜り込んだ間者などが火をつけたら、それに呼応してすばやく外側から攻撃しろ」とか「可能であるなら、好機を捉えて外側から火を放て」「火は風上から放て、風下から火攻めしてはいけない」といったことが書かれています。それらはすべてイメージ戦略に応用できるもの。火付け役となるメディアの活用の仕方を教えてくれます。

◎情報の連鎖を狙う

イメージ戦略の核になるのはPR、メディアに取り上げてもらうためのパブリシティ（PR活動）です。

オーソドックスな手法で言うと、まず新聞にニュースを流して書いてもらう。このときはベタ記事でも何でもいい。取り上げられれば、それが火種になります。だから、「情報の連鎖」を意識して、後々の広がりを考慮した手を打っておくことが必要です。

情報流通のルートはたいてい、「新聞記事を見て、週刊誌の記者などがちょっとひねりを加えて企画記事やインタビュー記事にして、それを見て今度はテレビが取り上げて……」といった具合に、一つのニュースがさまざまなメディアをぐるぐる回る仕組みになっています。そういう情報の連鎖を視野に入れて、週刊誌やテレビに布石を打つのです。

いまはネットメディアもありますね。たとえばフェイスブックやツイッターのようなソーシャルメディアに取り上げられると、情報はたちまちにして国境をも越え、途方もなく大勢の人たちの間に広がります。ここで話題になる仕掛けをつくっておくことも重要です。

これが、孫子の言う「火、内より発すれば、則ち早く之に外より応ぜよ」です。

◎情報が話題にならないときは仕切り直し

ただし、記事にする・しない、放映をする・しないは、あくまでもメディア側の裁量です。

たとえば、「新聞に出るから、よろしくね」「わかった」という感じで話が出来上がっていても、掲載・放映が見送られる場合もあります。ひどいときはインタビューまでしておいて、「やめた」となることだってあります。

これは「火、発して兵静なれば」の状況。裏返せば、記事に魅力がない証拠ですから、メディアの人に「載せるって約束したじゃないか」なんて迫ってもムダです。

「うるさいヤツだな」というマイナスイメージを与えるだけです。

そういう場合は「待ちて攻むる勿かれ」。仕切り直して、もっとおもしろいネタをつくることに注力するのがベストです。

◎情報が拡散したら、長期戦略を考える

運よく話題が沸騰したら、「もっと、もっと」と攻勢に出たいところですが、ここはガマンが必要です。一過性のブームに終わらせないよう、「其の火力を極め、従う可くして之に従い、従う可からずして止めよ」、長期戦略を考えなければなりません。

たとえば、しばらくそのネタでいけそうなら、視点を変えて情報にちょっと新しい味付けをした企画を持ち込む。長期的には持ちこたえられそうもないなら、その話題がホットなうちに次の新しいネタを仕込む。そういった戦略を練るといいでしょう。

◎メディア連鎖の逆の流れに乗る

情報の発火点は新聞だけではありません。ときにはテレビから取材の申し込みがあったり、ネットのソーシャルメディアへの投稿が注目されたりして、そこが発火点に

なる場合もあります。

テレビやネットは紙媒体に比べると、その情報に触れる人の数が段違いに多い。そこで話題になると、雑誌や新聞も「これは取り上げないわけにはいかないな」となるわけです。

そういう「火、外より発す」ということがあったら、「内に待つこと無く、時を以て之を発せよ」。積極的にどんどん、パブリシティを展開していくべきです。

◎情報ルートを考える

孫子はまた、発火点が風上か風下かで、戦い方が違ってくることに触れています。「火、上風に発して下風に攻むる無かれ」。つまり、火攻めは風上からやらないと、広がらないということです。

これは「日本のどこから情報を発信するか」を考える際のヒントになります。全国をワーッと席巻したい場合は、やはり東京がベストです。東京は〝情報の風上〟とも言える場所ですから、情報が広がる勢いも速さも申し分がない。

最近は地方発の情報が大変な話題を呼んでいますが、東京に届くまでに地方都市を飛び火させていく感じになるので、どうしても全国に広がるまでには時間がかかります。その場合は、どこかの地方都市で話題になった瞬間に、ほかの地方都市を経由させずにダイレクトに東京のメディアに持ってくればルートを短縮化することが可能です。

たとえば「これ、札幌のテレビ番組で紹介されて大好評。東京でもウケると思うんだけど」などと言って、地方での掲載・放映実績を武器にするのです。

メディアはどこもネタに飢えているので、珍しい地方ネタは大歓迎でしょう。

◎読者・視聴者の多いところを狙う

最後に孫子は、「昼風は久しく、夜風は止む」とし、風の状況が一番いい昼間に火攻めをしかけなさいと言っています。

イメージ戦略で言えば、ターゲットとする読者・視聴者がたくさんいる時間帯を狙って、情報を露出させろ、ということです。

ふつうの人は夜中は寝ているし、昼間は仕事で忙しい。情報に触れる時間帯は出勤前の朝か、帰宅後の夜が一番いい。そのようにターゲットの生活時間に合わせて仕掛けることがポイントです。

以上がイメージ戦略の五原則です。火攻めになぞらえると、非常にわかりやすいのではないかと思います。参考にしてください。

第十三講

「用間篇」

孫子が教える「精度の高い情報」の集め方

75 「情報収集」に労を惜しむな

爵禄百金を愛しみて、敵の情を知らざるは、不仁の至りなり。

超訳

戦争には金がかかる。しかも数年続いたとしても、最後の勝利はたった一日で決する。それなのに金を惜しんで、相手の情報を取ることを怠るようでは仁義にもとる。

用間とはスパイのこと。ようするに情報収集を意味します。

競争社会を生き抜くには、また争い事の絶えない人間関係を丸くおさめていくには、ライバルや敵対関係にある人の情報が必要であることは、論を待たないところでしょう。

この「用間篇」は『孫子』十三篇の最終章になりますが、情報は戦略の要に位置付けられています。

つまり、「情報に基づいて計画を立て、さまざまな戦略・戦術を駆使して実戦を行なう。そのなかでさらに情報を集め、状況に応じた策を打つ」というふうに、情報を中心に十三篇をぐるぐる回しながら戦略の精度を高め必ず勝つ。それが孫子の兵法です。

それだけ情報収集は大事なものですから、決して手を抜いてはいけないのです。

孫子は「爵禄百金を惜しむな」という言い方をしていますが、これは優秀な間者に与える報酬を意味します。いくら戦争にお金がかかるからといって、このお金を惜しんだために戦争に負けたのでは、それまでの苦労も努力も水の泡ですから。

お金という意味では、現代も精度の高い情報を提供するプロに依頼する調査費用や、事情通の人に話を聞くときの接待費などにお金の必要な場面があります。でも、何より労を惜しまない、ということが重要です。「面倒くさいから、まぁいいか」などとおざなりにしてはダメなのです。

そうやって情報収集を怠る人のことを、孫子は「不仁の至り」とまで厳しく断じています。「人として最低だし、人の上に立つ器じゃあないよ。負け組だね」という感じで。肝に銘じておきましょう。

76 情報は「人」から取れ

必ず人に取りて、敵の情を知るなり。

超訳

成功の最大の秘訣は「先知」、誰よりも早く情報を入手することにある。その情報は必ず「人」から取りなさい。

いまから二千五百年も前に、孫子はもう「インフォ・ウォー（情報戦争）」を説いているんです。すごいでしょう？　情報社会に生きる私たちにとって、情報の重要性はいっそう増しているように思います。

ビジネスにおいてライバルの情報をいち早く入手することはもちろん、人生においてもどういう困難が降りかかってきそうかを的確に予測したり、良い人間関係を築いたりなど、情報がモノを言う場面はたくさんあります。

興味深いのは、孫子がここで「情報は人から取れ」としていることです。この考え方はいまも通用します。

◎メディアやネットの情報は信頼できるか

「情報なんか、ネットに山ほどあるじゃないか」と思うかもしれませんが、本当にそうでしょうか。そこから取る情報が「信頼できる自分の間者」になりうるとは、私には思えません。

なぜなら、とくにネットの場合は公正とは言い難い情報や、風評被害に象徴される「根拠に乏しい噂話」程度の情報、大衆をある方向に向かわせるために意図的につくりだされた情報、専門知識や経験のない人間が無責任に書きなぐった情報など、鵜呑みにしてはいけない情報が横行しているからです。

孫子は「神に祈る、経験に頼る、星を占うというような方法で情報をとってもダメだよ」と言っていますが、ネット情報はこの類に入るかもしれません。

もちろんメディアやネットにある情報のすべてが価値のない虚報だとまでは言いません。情報を広く取ったり、物事の概略や公表されている統計などを調べたりする部分では、発信元がたしかな筋の人・団体であるという前提で、大いに利用するといいでしょう。

ただ、自分の信頼する人物からもたらされる現場の生の情報のほうが、価値が格段に高いのはたしかです。

たいていの場合、役に立つ情報というのは活字や映像にならない、現場の人しか知りえないところにあるものです。しかもメディアに流通していないわけですから、ほとんどの人が知らない情報を誰よりも早く入手できます。孫子の言う「先知」を実現できるのです。

◎名刺ファイルを人脈の宝庫に

私自身も「情報を人から取る」ことにかけては、大変なこだわりがあります。数千枚におよぶ名刺を収納したファイルを、宝物のように大事にしているのです。

話は四十年前に遡ります。会社を立ち上げた当初、私には人脈どころか、知り合いすらほとんどいませんでした。そこで、自分に「一日に十人の人と名刺交換をする」というノルマを課しました。十人に達しないときは翌日に加算する、いわゆるキャリーオーバー方式で。

当時の私は、とても非社交的でシャイな性格でしたから、名刺交換を申し出ることがなかなかできなかった。達成できる日が少なくて、ノルマはいつしか五百枚くらいになってしまいました。何とかしなくてはと、人が多数集まるパーティに行ったり、あるときは「そうだ、自分のことを名刺出し機という機械だと思ってそれに徹しよう」と覚悟してやったんですが、それでもダメでしたね。名刺はたまったけれど、人生が全然変わらない。

それで今度は「名刺交換をした人と親しくなるにはどうするか」と考え、相手がいま一番悩んでいることを聞き出して、自分の得意な東洋思想の考え方をまじえながら答えることを思いつきました。これが良かった。今日の仕事につながったし、名刺がそのまま人脈になっていったのです。

以来、一枚だって名刺は捨てていません。なかには所属部署や役職などが変わるたびに名刺を頂戴し、十枚くらいの名刺が保存されている人も少なくありません。その人が社長になった暁（あかつき）には、その名刺の束をプレゼントしてね。自分の歩いてきた歴史がわかるって、大変喜ばれています。

これだけ親しい人の名刺がたまれば、かなり貴重な情報を「人から取る」ことができます。みなさんにもおすすめしたい情報術です。

77 「情報収集マン」を使いこなす

間を用うるに五有り。因間有り、内間有り、
反間有り、死間有り、生間有り。
五間倶に起こりて、其の道を知る莫し。
是を神紀と謂う。人君の宝なり。

超訳

情報収集マンには五種類ある。彼らを誰にも気づかれずに使いこなせば、最良の戦いができる。リーダーが宝とすべき技術である。

孫子は「間者を用いるときには五種類ある」としています。いまの時代は間者、スパイを使うというのは現実的ではないので、どういうタイプの人を情報収集マンとして持ち、どのように情報を取ればいいいかを考えるヒントにするといいと思います。

「五間」とはそれぞれ、どういう情報収集マンか。一つひとつ、見ていきましょう。

第一の**「因間」**は、敵国の村里にいる人たち。もともと地元の人ですから、間者ではないかと怪しまれる可能性が低く、情報収集活動をさせるにはうってつけです。

ビジネスで言えば、ライバル会社の社員と仲良くなって、情報源にするということですね。ライバルといえども、同じ業界にいる人とは知り合いになるチャンスが多いので、そう難しいことではないでしょう。

できるだけ自然な形で「ちょっと一杯どうですか」と誘い、いろんな話を聞き出せばいいのです。酔うほどに、「いや、ここだけの話だけどね」と、とっておきの情報が聞き出せます。

第二の**「内間」**は、敵国の中枢にいる役人です。彼らは民間人と違ってコアな情報を握っていますから、情報源としては申し分のないところです。

ライバル会社の役員クラスの人となると、仲良くなるのは大変かもしれませんが、頭は使いよう。何とか接触を図り、親しくなることです。

偉い人というのは意外と、自分の懐に飛び込んでくる若い人をおもしろがる傾向がありますから、だんだんに深い話をしてくれるようになると思います。

第三の**「反間」**は、敵の間者。彼らほど敵国の情報に通じている人はいないので、それと思しき人物を手なずけると、貴重な情報が手に入ります。

ビジネスに応用するなら、ライバル会社からこちらの情報を探りに来た人を丸め込んで、逆に話を聞き出すという情報の取り方ですね。

相手がいろいろと探りを入れてきたら、「教えてあげないでもないけど、その前にこのことを教えて欲しいなぁ」というような調子でやるといい。

相手はこちらの情報欲しさから、自分の情報をサービスしてくれる可能性が大です。

第四の**「死間」**は、いわゆる内通者。怪しい人物にわざとウソの情報を流して、敵国がその情報をもとに動くかどうかを見て、内通者を炙り出すわけです。内通者とわかれば殺されるので「死間」と呼ばれます。

これはちょっと情報収集からははずれますが、情報の漏洩を防ぐ方法として有効でしょう。「どうも情報が洩れている気がする」というときは、内通が疑われる人物にウソの情報を流すと、一発でわかります。

第五の**「生間」**は、敵国に潜入して、必ず生きて帰ってきて情報を報告する義務を負っている間者。潜入がバレたら敵に取り込まれるか、殺されるかですから、そういった危機を乗り越えられるだけの高度なテクニックが求められます。

ここは超訳すると、「要所要所に情報源を置いておけ」ということ。この分野の話ならこの人、あの分野はあの人、といった具合に、いろんな分野に優秀な情報収集マンがいると、多様な情報が入手できます。

以上が情報の取り方の五パターンです。自分の人脈ネットワークを見ながら、応用するといいでしょう。

78 「あの人のためなら」と言われる人になれ

聖智に非ざれば間を用うる能わず。
仁義に非ざれば、間を使う能わず。
微妙に非ざれば、間の実を得るに能わず。

超訳

自分自身が人格者でなければ、いい情報は得られない。知恵があり、愛情にあふれ、人の微妙な心の動きを敏感に察知できる人格者になることが大切なのだ。

孫子の時代、間者は将軍と直結して働く存在でした。さらに生命をかけて行なう役割ですし、将軍に対して信義を守れる人です。それだけに彼らは、将軍が大した人物でないと、仕える気にもなれないでしょう。

それは現代も同じ。誰が信頼も尊敬もできない人に、いい情報を提供しようと思うでしょうか。会社でも上司が頼りないと、優秀な社員たちは「あんな上司のために働けるか」となりますよね。

だから結局は、情報収集も自分自身を向上させることが、一番のポイントになるのです。何よりもまず、多くの人から、

「あの人のためなら、力になりたい」

と思ってもらえるように、人格を磨くこと。

そうすれば、何かのときにいい情報をくれたり、力になってくれたりする優秀な人たちをネットワークとしてつなげた、すばらしい人脈を築くことができます。

情報というのは人格と教養で収集するものだと心得ましょう。

＊書き下し文一覧＊

1. 兵は国の大事にして、死生の地、存亡の道なり。察せざる可からず。

2. 故に之を経むるに五事を以てし、之を校するに計を以てして、其の情を索む。

3. 一に曰く道、二に曰く天、三に曰く地、四に曰く将、五に曰く法。道とは民をして上と意を同じくせしむるなり。故に以て之と死す可く、以て之と生く可くして、危きを畏れざるなり。天とは陰陽・寒暑・時制なり。地とは遠近・険易・広狭・死生なり。将とは智・信・仁・勇・厳なり。法とは曲制・官道・主用なり。凡そ此の五者、将聞かざるは莫し。之を知る者は勝ち、知らざる者は勝たず。

4. 主孰れか有道なる、将孰れか有能なる、天地孰れか得たる、法令孰れか行なわる、兵衆孰れか強き、士卒孰れか練れたる、賞罰孰れか明らかなる。吾、此を以て勝負を知る。

5. 将、吾が計を聴きて之を用うれば、必ず勝たん。

6. 計、利として以て聴かるれば、乃ち之が勢いを為して、以て其の外を佐く。

7. 勢とは利に因りて権を制するなり。

8. 兵は詭道なり。故に能にして之に不能を示し、用にして之に不用を示す。

9. 利して之を誘い、乱して之を取り、実にして之に備え、強くして之を避け、怒りて之を撓し、卑うして之を驕らせ、佚にして之を労し、親しみて之を離し、其の無備を攻め、其の不意に出づ。此れ兵家の勝、先に伝う可からざるなり。

10. 馳車千駟、革車千乗、帯甲十万、千里に糧を饋れば、則ち内外の費、賓客の用、膠漆の材、車甲の奉、日に千金を費やす。然る後に十万の師挙る。

11. 其の戦いを用うるや、勝つも久しければ、則ち兵を鈍らし鋭を挫く。城を攻むれば、則ち力屈す。（中略）故に兵は拙速を聞く。未だ巧の久しきを睹ざるなり。

12. 尽く兵を用うるの害を知らざる者は、則ち尽く兵を用うるの利を知る能わざるなり。

13. 国の師に貧しきは、遠く輸せばなり。遠く輸せば、則ち百姓貧し。

14. 智将は務めて敵に食む。敵の一鍾を食むは、吾が二十鍾に当たる。萁秆一石は、吾が二十石に当たる。

15. 敵を殺すは怒なり。敵に取るの利は貨なり。

16. 其の旌旗を更え、車は雑えて之に乗らしめ、卒は善くして之を養う。是を敵に勝ちて強を益すと謂う。

17. 兵を知るの将は、生民の司命、国家安危の主なり。

18. 凡そ兵を用うるの法、国を全うするを上と為し、国を破るは之に次ぐ。軍を全うするを上と為し、軍を破るは之に次ぐ。旅を全うするを上と為し、旅を破るは之に次ぐ。卒を全うするを上と為し、卒を破るは之に次ぐ。伍を全うするを上と為し、伍を破るは之に次ぐ。是の故に百戦百勝は、善の善なるものに非ざるなり。

19. 上兵は謀を伐つ。

20. 善く兵を用うる者は、人の兵を屈するも、戦うに非ざるなり。人の城を抜くも、攻むるに非ざるなり。人の国を毀るも、久しきに非ざるなり。

21. 兵を用うるの法、十なれば則ち之を囲み、五なれば則ち之を攻め、倍なれば則ち之を分ち、敵すれば能く之と戦い、少なければ則ち能く之を逃れ、若かざれば則ち能く之を避く。

22. 将は国の輔なり。輔、周なれば則ち国必ず強く、輔、隙あれば則ち国必ず弱し。

23. 彼を知り己を知れば、百戦して殆からず。彼を知らずして己を知れば、一勝一負す。彼を知らず己を知らざれば、戦う毎に必ず殆し。

24. 昔の善く戦う者は、先づ勝つ可からざるを為して、以て敵の勝つ可きを待つ。勝つ可からざるは己に在り。勝つ可きは敵にあり。故に善く戦う者は、勝つ可からざるを為すも、敵をして勝つ可からしむる能わず。故に曰く、勝は知る可くして、為す可からず、と。

25. 勝つ可からざるとは守るなり。勝つ可しとは攻むるなり。守れば足らず、攻むれば余り有り。

26. 善く守る者は、九地の下に蔵れ、善く攻むる者は、九天の上に動く。故に能く自ら保ちて、勝を全うす。

27. 勝を見ること衆人の知る所に過ぎざるは、善の善なる者に非ざるなり。戦い勝ちて天下善しと曰うも、善の善なる者に非ざるなり。故に秋毫を挙ぐるは多力と為さず、日月を見るは明目と為さず。雷霆を聞くは聡耳と為さず。古の所謂善く戦う者は、勝ち易きに勝つ者なり。故に善く戦う者の勝つや、智名なく、勇功無し。

28. 勝兵は先ず勝ちて、而る後に戦いを求め、敗兵は先ず戦いて、而る後に勝を求む。

29. 凡そ衆を治むること寡を治むるが如くするは、分数是なり。衆を闘わすこと寡を闘わすが如くするは、形名是なり。

30. 凡そ戦いは正を以て合い、奇を以て勝つ。故に善く奇を出す者は、窮まり無きこと天地の如く、竭きざること江河の如し。

31. 戦勢は奇正に過ぎざるも、奇正の変は、勝げて窮む可からず。奇正の相生ずること、循環の端無きが如し。孰か能く之を窮めん。

32. 激水の疾くして石を漂わすに至るは、勢いなり。鷙鳥の疾くして毀折に至るは、節なり。是の故に善く戦う者は、其の勢いは険に、其の節は短なり。勢いは弩を彍るが如くし、節は機を発するが如くす。

33. 善く敵を動かす者は、之に形すれば敵必ず之に従い、之に予うれば敵必ず之を取る。利を以て之を動かし、卒を以て之を待つ。

34. 勢いに任ずる者は、其の人を戦わしむるや、木石を転ずるが如し。木石の性、安なれば則ち静に、危なれば則ち動き、方なれば則ち止まり、円なれば則ち行く。故に善く人を戦わしむるの勢い、円石を千仞の山に転ずるが如きは、勢いなり。

35. 善く戦う者は、人を致して人に致されず。

36. 攻めて必ず取るは、其の守らざる所を攻むればなり。守りて必ず固きは、其の攻めざる所を守ればなり。故に善く攻むる者は、敵、其の守る所を知らず。よく守る者は、敵、其の攻むる所を知らず。

37. 我専まりて一と為り、敵分かれて十と為らば、是十を以て其の一を攻むるなり。即ち我衆くして敵寡し。能く衆を以て寡を撃てば、則ち吾の与に戦う所は約なり。

38. 兵を形するの極は、無形に至る。無形なれば、則ち深間も窺う能わず、智者も謀る能わず。

39. 夫れ兵の形は水に象る。

40. 水の形は高きを避けて下きに趨き、兵の形は実を避けて虚を撃つ。水は地に因りて流を制し、兵は敵に因りて勝を制す。故に兵は常勢無く、水は常形無し。

41. 能く敵に因りて変化し、而して勝を取る者、之を神と謂う。故に五行に常勝無く、四時に常位無く、日に短長有り、月に死生有り。

42. 軍争の難きは、迂を以て直と為し、患を以て利と為せばなり。故に其の途を迂にして、之を誘うに利を以てし、人に後れて発し、人に先んじて至る。此れ迂直の計を知る者なり。

43. 軍争は利たり、軍争は危たり。軍を挙げて利を争えば、則ち及ばず。軍を委てて利を争えば、則ち輜重捐てらる。

44. 諸侯の謀を知らざれば、予め交わること能わず。山林・険阻・沮沢の形を知らざれば、軍を行ること能わず。郷導を用いざれば、地の利を得ること能わず。

45. 其の疾きこと風の如く、其の徐かなること林の如く、侵掠すること火の如く、動かざること山の如く、知り難きこと陰の如く、動くこと雷震の如く、郷に掠めて衆に分ち、地に廓めて利を分ち、権を懸けて動く。

46. 軍政に曰く、言うこと相聞えず、故に金鼓を為る。視ること相見えず、故に旌旗を為る、と。夫れ金鼓・旌旗は、人の耳目を一にする所以なり。

47. 朝気は鋭く、昼気は惰り、暮気は帰る。故に善く兵を用うる者は、其の鋭気を避け、其の惰気を撃つ。此れ気を治むる者なり。

48. 兵を用うるの法、高陵には向う勿かれ、丘を背にするには逆う勿かれ、佯り北ぐるには従う勿かれ、鋭卒は攻むる勿かれ、餌兵は食う勿かれ、帰師は遏むる勿かれ、師を囲めば必ず闕き、窮寇には迫る勿かれ。

49. 凡そ兵を用うるの法、将、命を君に受け、軍を合わせ衆を聚むれば、圮地には舎る無く、衢地には交わり合い、絶地には留まる無く、囲地には則ち謀り、死地には則ち戦う。

50. 塗も由らざる所有り、軍も撃たざる所有り、城も攻めざる所有り、地も争わざる所有り、君命も受けざる所有り。

51. 智者の慮は、必ず利害を雑う。利を雑えて務むれば、信ぶ可し。害を雑えて患うれば、解く可し。是の故に諸侯を屈するには害を以てし、諸侯を役するには業を以てし、諸侯を趨らするには利を以てす。

52. 兵を用うるの法、其の来らざるを恃むこと無く、吾が以て待つ有るを恃むなり。其の攻めざるを恃むこと無く、吾が攻む可からざる所有るを恃むなり。

53. 将に五危あり。必死は殺す可く、必生は虜とす可く、忿速は侮る可く、廉潔は辱む可く、愛民は煩わす可し。凡そ此の五者は将の過にして、兵を用うるの災いなり。軍を覆し将を殺すは、必ず五危を以てす。

54. 凡そ軍を処き敵を相するに、山を絶れば谷に依る。生を観て高きに処る。隆きに戦いて登る無かれ。此れ山に処るの軍なり。

55. 水を絶れば必ず水より遠ざかる。客、水を絶りて来らば、之を水内に迎うる勿かれ。半ば済らしめて之を撃たば利なり。戦わんと欲すれば、水に附きて客を迎うる勿かれ。生を視て高きに処る。水流を迎うる勿かれ。此れ水上に処るの軍なり。

56. 斥沢を絶れば、惟亟かに去りて、留まる無かれ。若し軍を斥沢の中に交うれば、必ず水草に依りて衆樹を背にせよ。此れ斥沢に処るの軍なり。

57. 平陸には易きに処りて高きを右背にす。死を前にし生を後にす。此れ平陸に処るの軍なり。

58. 凡そ軍は高きを好んで下きを悪み、陽を貴んで陰を賤しみ、生を養いて実に処る。軍に百疾無くんば、是を必勝と謂う。

59. 軍行に険阻・潢井・葭葦・山林・蘙薈有れば、必ず謹んで之を覆索せよ。此れ伏姦の処る所なり。敵近くして静かなるは、其の険を恃むなり。遠くして挑戦するは、人の進むを欲するなり。其の居る所に易きは、利あるなり。衆樹動くは、来るなり。衆草障り多きは、疑わしむるなり。鳥起つは、伏なり。獣駭くは、覆なり。塵高くして鋭きは、車来るなり。卑くして広きは、徒来るなり。散じて条達するは、樵採するなり。少なくして往来するは、軍を営むなり。

60. 卒未だ親附せずして之を罰すれば、則ち服せず。服せざれば則ち用い難し。卒已に親附して罰行なわざれば、則ち用う可からず。

61. 地形に、通なる者有り、挂なる者有り、支なる者有り、隘なる者有り、険なる者有り、遠なる者有り。我以て往く可く、彼以て来る可きを通と曰う。通形は、先ず高陽に居りて糧道を利し、以て戦えば則ち利あり、以て往く可くして、以て返り難きを挂と曰う。挂形は、敵、備え無ければ、出でて之に勝つ。敵若し備え有り、出でて勝たざれば、以て返り難くして不利なり。我出でて利あらず、彼出でて利あらざるを支と曰う。支形は、敵、我を利すと雖も、我出づること無かれ。引きて之を去る。敵をして半ば出でしめて之を撃たば利あり。隘形は、我先ず之に居らば、必ず之を盈たして以て敵を待つ。若し敵先ず之に居り、盈つれば従うこと勿かれ、盈たざれば之に従う。険形は、我先ず之に居らば、必ず高陽に居り以て敵を待つ。若し敵先に之に居らば、引きて之を去る。従う勿かれ。遠形は、勢い均しければ以て戦いを挑み難し。戦いて利あらず。凡そ此の六者は、地の道なり。

62. 兵に走る者有り、弛む者有り、陥る者有り、崩るる者有り、乱るる者有り、北ぐる者有り。凡そ此の六者は天の災いに非ず、将の過なり。夫れ勢い均しくして、一を以て十を撃つを走と曰う。卒強く吏弱きを弛と曰う。吏強く卒弱きを陥と曰う。大吏怒って服せず、敵に遇い懟みて自ら戦い、将其の能を知らざるを崩と曰う。将弱くして厳ならず、教道明らかならず、吏卒に常無く、兵を陣ぬるに縦横なるを乱と曰う。将敵を料る能わず、少を以て衆に合わせ、弱を以て強を撃ち、兵に選鋒無きを北と曰う。凡そ此の六者は、敗の道なり。

63. 卒を視ること嬰児の如し、故に之と深谿に赴く可し。卒を視ること愛子の如し、故に之と倶に死す可し。厚くして使う能わず、愛して令する能わず、乱れて治むる能わず、譬えば驕子の若し、用う可からず。

64. 吾が卒の以て撃つ可きを知りて、敵の撃つ可からざるを知らざるは、勝の半ばなり。敵の撃つ可きを知りて、吾が卒の以て撃つ可からざるを知らざるは、勝の半ばなり。敵の撃つ可きを知り、吾が卒の以て撃つ可きを知りて、地形の以て戦う可からざるを知らざるは、勝の半ばなり。故に兵を知る者は、動いて迷わず、挙げて窮せず。故に曰く、彼を知り己を知れば、勝乃ち殆うからず。天を知り地を知れば、勝乃ち窮まらず、と。

65. （前段）兵を用うるの法、散地有り、軽地有り、争地有り、交地有り、衢地あり、重地有り、圮地有り、囲地有り、死地有り。諸侯自ら其の地に戦うを、散地と為す。人の地に入りて深からざるを、軽地と為す。我得れば則ち利あり、彼得るも亦利あるを、争地と為す。我以て往く可く、彼以て来る可きを、交地と為す。諸侯の地三属して、先に至りて天下の衆を得るを、衢地と為す。人の地に入ること深く、城邑を背にすること多きを、重地と為す。山林・険阻・沮沢、凡そ行き難きの道を行くを、圮地と為す。由りて入る所の者隘く、従りて帰る所の者迂にして、彼の寡、以て吾の衆を撃つ可きを、囲地と為す。疾く戦えば則ち存し、疾く戦わざれば則ち亡ぶるを、死地と為す。是の故に、散地には則ち戦うこと無く、軽地には則ち止まること無く、争地には則ち攻むること無く、交地には則ち絶つこと無く、衢地には則ち交を合わせ、重地には則ち掠め、圮地には則ち行き、囲地には則ち謀り、死地には則ち戦う。

（後段）散地には吾将に其の志を一にせんとす。軽地には吾将に之をして属せしめんとす。争地には吾将に其の後を趨らさんとす。交地には吾将に其の守りを謹まんとす。衢地には吾将に其の結びを固くせんとす。重地には吾将に其の食を継がんとす。圮地には吾将に其の塗を進まんとす。囲地には吾将に其の闕を塞がんとす。死地には吾将に之に示すに活きざるを以てせんとす。故の兵の情、囲まるれば則ち禦ぎ、已むを得ざれば則ち闘い、過ぐれば則ち従う。

66. 所謂古の善く兵を用うる者は、能く敵人をして、前後相及ばず、衆寡相恃まず、貴賤相救わず、上下相収めず、卒離れて集まらず、兵合うも斉わざらしめ、利に合いて動き、利に合わずして止む。

67. 先ず其の愛する所を奪わば則ち聴く。兵の情は、速やかなるを主とす。人の及ばざるに乗じ、慮らざるの道に由り、其の戒めざる所を攻む、と。

68. 吾が士の余財無きは、貨を悪むに非ざるなり。余命無きは、寿を悪むに非ざるなり。令、発するの日、士卒の坐する者は涕襟を霑し、偃伏する者は涕頤に交わる。之を往く所無きに投ずれば、諸劌の勇なり。

69. 善く兵を用うる者は、譬えば率然の如し。率然とは常山の蛇なり。其の首を撃てば則ち尾至り、其の尾を撃てば則ち首至り、其の中を撃てば則ち首尾倶に至る。

70. 将軍の事は、静にして以て幽に、正にして以て治なり。能く士卒の耳目を愚にして、之を知ること無からしむ。その事を易え、其の謀を革めて、人を識ること無からしむ。其の居を易え、其の途を迂にして、人をして慮ることを得ざらしむ。

71. 帥いて之と期するや、高きに登りて其の梯を去るが如く、帥いて之と深く諸侯の地に入りて、其の機を発するや、舟を焚き釜を破りて、群羊を駆るが若く、駆られて往き、駆られて来り、之く所を知る莫し。三軍の衆を聚めて、之を険に投ず。此を将軍の事と謂うなり。

72. 無法の賞を施し、無政の令を懸け、三軍の衆を犯い、一人を使うが若くす。之を犯うるに事を以てして、告ぐるに言を以てすること勿かれ。之を犯うるに利を以てして、告ぐるに害を以てすること勿かれ。之を亡地に投じて、然る後に存し、之を死地に陥れて、然る後に生く。夫れ衆は害に陥りて、然る後に能く勝敗を為す。

73. 火を行なうに必ず因有り。煙火は必ず素より具う。火を発するに時有り。火を起こすに日有り。時とは天の燥けるなり。日とは月の箕・壁・翼・軫に在るなり。凡そ此の四宿は風起こるの日なり。

74. 凡そ火攻は五火の変に因りて之に応ず。内より発すれば、則ち早く之に外より応ぜよ。火発して兵静なれば、待ちて攻むる勿かれ。其の火力を極め、従う可くして之に従い、従う可からずして止めよ。火、外より発す可くんば、内に待つこと無く、時を以て之を発せよ。火、上風に発して下風に攻むる無かれ。昼風は久しく、夜風は止む。凡そ軍は必ず五火の変有るを知り、数を以て之を守る。

75. 凡そ師を興すこと十万、出征すること千里なれば、百姓の費、公家の奉、日に千金を費やす。内外騒動し、道路に怠りて、事を操るを得ざる者七十万家、相守ること数年にして一日の勝を争う。而るに爵禄百金を愛しみて、敵の情を知らざるは、不仁の至りなり。人の将に非ず。主の佐に非ず、勝の主に非ざるなり。

76. 名君賢将の動きて人に勝ち、成功衆より出づる所以の者は、先知なり。先知は鬼神に取る可からず、事に象る可からず、度に験す可からず。必ず人に取りて、敵の情を知るなり。

77. 間を用うるに五有り。因間有り、内間有り、反間有り、死間有り、生間有り。五間倶に起こりて、其の道を知る莫し。是を神紀と謂う。人君の宝なり。因間とは、其の郷人に因りて之を用う。内間とは、其の官人に因りて之を用う。反間とは、其の敵間に因りて之を用う。死間とは、誑の事を外に為し、吾が間をして之を知らしめて、敵に伝うるの間なり。生間とは、反りて報ずるなり。

78.

聖智に非ざれば間を用うる能わず。仁義に非ざれば、間を使う能わず。微妙に非ざれば、間の実を得るに能わず。微なるかな、微なるかな、間を用いざる所無し。

参考文献◎『孫子　呉子』新釈漢文大系／明治書院／天野鎮雄

本書は、小社より刊行した文庫本を単行本化したものです。

超訳(ちょうやく)　孫子(そんし)の兵法(へいほう)
「最後(さいご)に勝(か)つ人(ひと)」の絶対(ぜったい)ルール

著　者――田口佳史（たぐち・よしふみ）
発行者――押鐘太陽
発行所――株式会社三笠書房
〒102-0072 東京都千代田区飯田橋3-3-1
電話：(03)5226-5734（営業部）
：(03)5226-5731（編集部）
https://www.mikasashobo.co.jp
印　刷――誠宏印刷
製　本――若林製本工場

ISBN978-4-8379-2849-2 C0030